三十起势 四十破局

抓住人生的关键十年

[日]永松茂久——著 贾耀平——译

３０代を無駄に生きるな

中国宇航出版社

·北京·

版权所有　侵权必究

30 DAI WO MUDA NI IKIRUNA
Copyright © 2019 by Shigehisa NAGAMATSU
All rights reserved.
First original Japanese edition published by Kizuna Publishing.
Simplified Chinese translation rights arranged with PHP Institute, Inc.
through CA-Link International LLC

本书中文简体字版由著作权人授权中国宇航出版社独家出版发行，未经出版者书面许可，不得以任何方式抄袭、复制或节录书中的任何部分。

著作权合同登记号：图字：01-2025-1575号

图书在版编目（CIP）数据

三十起势，四十破局：抓住人生的关键十年 /（日）永松茂久著；贾耀平译. -- 北京：中国宇航出版社，2025.7. -- ISBN 978-7-5159-2539-4

Ⅰ．B821-49

中国国家版本馆CIP数据核字第2025T4C703号

策划编辑	张文丽	封面设计	毛　木
责任编辑	吴媛媛	责任校对	张文丽

出　版 发　行	中国宇航出版社		
社　址	北京市阜成路8号（010）68768548	邮　编	100830
网　址	www.caphbook.com		
经　销	新华书店		
发行部	（010）68767386（010）68767382		（010）68371900（010）88100613（传真）
零售店	读者服务部（010）68371105		
承　印	三河市君旺印务有限公司		
版　次	2025年7月第1版		2025年7月第1次印刷
规　格	880×1230	开　本	1/32
印　张	6.5	字　数	118千字
书　号	ISBN 978-7-5159-2539-4		
定　价	39.80元		

本书如有印装质量问题，可与发行部联系调换

如何度过
决定人生九成走向的十年？

本书送给这些人……

- 过了二十五岁,开始为三十岁以后的人生做准备的人。
- 到了三十岁,开始认真思考接下来的人生之路的人。
- 三十岁以后,开始烦恼与领导关系的人。
- 三十到四十岁时,已经成为团队管理者的人。
- 三十到四十岁时,思考平衡事业、家庭和朋友关系的人。
- 三十到四十岁时,想在经营管理上做出成绩的人。
- 为如何管理三十多岁的下属而烦恼的管理层。
- 四十岁出头,想重新审视三十多岁时的经验和教训的人。
- 站在跳槽、创业、婚姻等人生岔路口的人。
- 烦恼要不要抛开一切做自己想做的事,还是继续忍耐下去的人。
- 三十多岁的时光献给了孩子,四十岁后想活出自己的妈妈们。

自 序

人生最关键的十年,切勿得过且过

三十不易,步入三十岁的人要面临各种各样的抉择。

是创业?是跳槽?还是继续撸起袖子去升职加薪?

是结婚?还是一个人过?

是买房子?还是租房住?

是依然待在老的朋友圈?还是跳出去换个圈子?

是勇敢地忍痛割爱,换点"自由空间,活出自我"?还是怕风险,不敢奢望,就这么过下去?

三十岁,遍地都是分水岭,无处不是岔路口。

倘若还是二十多岁的年轻人,也不着急做决定,反正"船到桥头自然直"嘛。不过,闯入不惑之年再谈这些的话,似乎有"黄瓜菜凉了"之嫌。

因此,进入三十岁之后要面临如此繁多,且对以后人生有重大影响的抉择,实属不易。

身为企业家兼著书者,如今已年近四十五的我,在长期与人交往的过程中,逐渐领悟到了一些人生与事业的真谛。

而这些真谛，恰好也是所谓成功人士身上普遍存在的共通特质。**那便是：人生至关重要的三十岁至四十岁这十年，切不可虚度光阴，得过且过。**

书前的你，如果已经三十多岁了，抑或是到了在为马上来临的三十岁做准备的年纪，你的内心深处大概会对未来怀揣着几分不安与烦恼吧。

时代发展很快，就在你翻书掀页的这一瞬间，世界万物也以惊人的速度发展变化着。但是，很多人跟不上这种变化，因此会焦虑不安，这时有些人觉得与其为以后的人生忐忑不安，倒不如把这些烦躁的不快感抛到一边，继续眼前的快活，反正办法总会有，这么想倒也是个轻松的活法。

听到旁人的一句"保持你现在的样子就好"，内心似乎得到了些许宽慰。尤其是每当看到书里写道："人，随时都能改变""人生，随时可以从头再来""你做自己就足够了"，不少人的心会放下一大半，松了一大口气，然后安慰自己：我现在这样子也不是不行嘛。

我们不妨先撇开自己，纵向看看外部的世界。看看周围有没有人因为时代的变化，禀性发生了极大的改变。似乎没有！至少我身边几乎找不到这种人。所谓"江山易改，本性难移"。萎靡不振的人依旧消极怠惰，爱滋事闯祸的人还是改不掉手脚不老实的毛病。换句话说，我们不能笼统地认定外部因素会引发禀性和脾气的巨变。而且，只要看看周围的成年人，就不难理解什么叫"人总是越老越犟"。

想要改变，我们需要了解自己。

我希望每个人都能叩问内心：自己是不是真的看清了前方的路，是不是一如从前，只要坚持走下去就能到达想要的终点。

拿我自己来说吧。因为出版、讲演、咨询、指导等工作，会直接涉及他人的人生大事。在工作中，我常常问客户："你觉得现在自己的状态就真的很好吗？年收入、人际关系、现在的位置，等等，一直这么走下去就可以吗？"

很多人回答："不，说真的，我不喜欢现在的自己。"因此，本书想为这些有问题意识的人提供一些建议，能为这些人今后的人生路做一些点拨和启发。

不过，如果你确实认可现状，并希望继续保持下去，或是你害怕改变，害怕前进，那你尽可以合上书，因为它不适合你，也不是为你所写，即便读下去也没有什么效果。

我这么说有两个原因。

一是，我自认为在这样一个日新月异的时代，不存在什么以一成不变就能应万变的人。

二是，我想为那些"敢于直面各种变化，能脚踏实地地应对问题、开拓未来"的人写这本书。如果书里还掺杂着

"你现在就很好,这么走下去就可以"的论调,显然会误导他们,毕竟这是关乎一个人未来的大问题。

希望书前的读者朋友能够理解上面两点,这也是阅读本书的两大前提。

本书不是为了安抚你的脆弱,而是旨在为你着想,想为你的人生最关键阶段能够成就更美好的三十多岁而贡献力量。这是本书的根本目的。即便是有些话不好听,但我也要说真话。

三十岁后的十年时光,决定了你人生的 90%。

可能二十出头的人或是四十岁以后的人听了这句话会生气。但是,三十多岁和四十多岁相比,身心的柔韧和变通性是天差地别的。我身边不乏过了而立之年却想做出改变的人,但是不少人感叹"真是要比三十多岁时多花一倍的时间和精力,早知道我就早些改变了"。

我三十多岁时也做过不少挑战,结果也不全是好结果。在很多地方栽了跟头,丢了脸面,但是我还是尽可能地做了自己想做的很多事。

就算我这种喜欢挑战的人,到了四十岁之后,"步伐"明显要比三十多岁时沉重缓慢了不少。这种"拖沓沉重感"也是实实在在的。正因为如此,我很想大声地告诉三十多岁的你,趁着头脑灵活、思维不僵化,做事没什么包袱的时期,要对自己的未来有个清楚且明晰的设想。

从三十岁到四十岁的这十年时间正是一个缓冲期，可以让你充分地、认真地思考如何才能让接下来的人生之路走得更宽，如何让人生风景变得更美。

正如我在本书开头所写的那样，大部分人真正开始投入工作及事业是三十岁以后。而不得不面临左右人生走向的"跳槽、结婚、生育、买房"等抉择，也是三十岁以后。想出人头地，想活出自我的想法，也会聚集在三十岁到四十岁这十年时光。同时，与现有人际关系做告别的也多集中在这十年。

因此，如何度过你的三十岁到四十岁，决定了你今后人生的90%。

你是否能停下匆匆的脚步，重新叩问内心，好好思考如何利用这个重要的时期，然后毫不犹豫地抛开旧事物，做好面向未来的准备呢？还是回避自己的现状，或随波逐流，或人云亦云，迟迟不肯做出决断，任由时光白白流逝呢？

我相信书前的你肯定具备问题意识，已经开始思考如何度过自己三十岁以后的时光了。这样的人也必然会走向成功。

铺垫可能有点长，我依然想在进入正文之前问问书前的你："你想怎么度过自己的三十岁？"如果你没有想好答案，那你适合读读这本书。

另外，这本书的主要对象是三十岁到四十岁的人，但还有一类读者，**那就是已经结束育儿阶段，接下来期望做自己想做的事且已进入不惑之年的妈妈们。**

育儿阶段的女性被迫至少出现大约十年的职业空白期或职业上升通道的停滞期。但是育儿期结束后，从妈妈们依然想为自己的人生添光增彩的角度来看，四十多岁减去十年的空窗期，也相当于三十多岁。所以，希望你能首先理解这一点。

还有本应放在最前面，但我放在最后面想说的一句话：感谢这本书能遇到你！

我希望当你读完本书最后一页时，你已经能从心底清晰地看到自己想要的答案。

请和我一起走进这本书吧！

读者评论

这是一本超实用的书，它用通俗易懂的语言，传授三十多岁人群必备的重要生活思维。我读完后，迫不及待想将书中方法学以致用，哪怕先践行其中一条也好。

步入三十岁后，无论是个人生活还是工作，都经历着诸多变化，时间在不经意间匆匆流逝，有时甚至会让人恍惚到连自己"哎，接下来该是多少岁来着？"都一时想不起来。就在我隐隐产生"再这样下去，转眼间就要四十岁了……"这样的危机感和焦虑感时，我遇见了这本书。

这本书给了我很大的触动和启发。它让我思考应该与什么样的人交往，把时间和精力投入到什么样的事情上。同时，我也意识到当下的时间并非无穷无尽。读了这本书后，我萌生出想要改变今后生活方式的想法。

我今年二十九岁，明显感觉一迈入三十岁，工作和生活大概率会迎来重大转折点。组建家庭后，就得多花时间陪伴孩子；要是获得升职机会，就得在工作上投入更多精力。不少人在年纪轻轻时就结婚，或担任重要职务，但我觉得，没走到这一步的人，也完全没必要为此感到自卑。

　　其实，大家不妨尝试接触更多类型的工作，拓宽兴趣爱好，增长见识。读了这本面向三十多岁群体的书，我越发意识到，一定要好好珍惜还处在二十多岁的当下时光。

　　这本书聚焦生活中的关键议题，很庆幸，我在三十多岁时与之邂逅。这个阶段，生活和工作面临诸多挑战，我正需要一位指引方向的导师，而这本书恰恰就扮演了这样的角色。

　　我迈入三十岁后已经几年了，真恨没早点邂逅这本书。它就像一位智慧长者，帮我认识了生活蕴含的强大力量，助力我将日子过得愈发精彩。

　　我今年三十六岁，正处于三十多岁的阶段。这本书不仅适合我，同样也很适合四十多岁，在孩子长大后，终于能从育儿重担中脱身的人群。我打算将它视作指引未来十年生活的宝典，依靠书中的智慧，规划未来的人生。

目 录

第一章
重塑思维,开启三十岁的无限可能　　001

三十多岁,要确认自己所在的位置　　002
◎ 没能寻到绿洲的年轻人　　002
◎ 越早看清自己的位置,越重要　　003
◎ 要善于盘点自身现状　　004

三十多岁,要保持思维的柔韧性　　007
◎ 趁着思维还未僵化,抛却无用想法和旧事物　　007
◎ 没必要为二十岁之前的自己后悔　　008

三十多岁,要夯实自身的基础　　010
◎ 获得无价之宝的"信用存金"　　010
◎ 向重要的人分享自我现状　　011
◎ 趁着三十多岁,预先稳固重要基盘　　012

趁着三十多岁,要理清自身优势　　014

- ◎ 你做的普通小事是否惊艳过他人　　014
- ◎ 掌握审视自我的"客观之眼"　　015

趁着三十多岁,要掌握"美妙的错觉"　　017
- ◎ 让你的思想和语言具象化　　017
- ◎ 只需改变言行,就能轻松地实现理想　　018
- ◎ 向登过山的人请教登山之道　　019

趁着三十多岁,要提升容纳矛盾和接纳现实的能力　　021
- ◎ 社会是个充满矛盾的绝美世界　　021
- ◎ 尽快抛掉二十多岁时的"孩子气"　　023

三十多岁,要建立自我思维轴心　　025
- ◎ 别让他人评论操控你的脚步　　025
- ◎ 依照自己的意愿去做事　　026

趁着三十多岁,要有"我的事我做主"的意识　　028
- ◎ 是时候从"随大流"毕业了　　028
- ◎ 大家一起"闯红灯"也会出事　　030

趁着三十多岁,要多积累失败经验　　031
- ◎ 接纳"不服输"执念背后的现实　　031
- ◎ 从打败自己的对手身上学到东西　　032

趁着三十多岁，要多接触行动派，而不是点评派　　034

◎ 理解领导者的立场　　034

◎ 想提升获胜的运气，最好站在击球区　　036

第二章
掌握人际交往技巧，解锁三十岁的社交红利　　039

三十多岁，无须害怕人际关系的变化　　040

◎ 不要总局限于同一个圈子　　040

◎ 不要轻视价值观共享　　041

三十多岁，要珍视自己的重要之物　　043

◎ 没必要花时间搞清楚厌烦之人的可取之处　　043

◎ 增加与意气相投之人的相处时间　　044

趁着三十多岁，要掌握汲取周围人知识经验的能力　　046

◎ 把优秀人才吸引到自己身边　　046

◎ 把"傍人门户"变成"假力于人"　　048

三十多岁，必须明白牵线搭桥的规则　　050

◎ 不要越过引荐人　　050

◎ 珍惜作为"上游水源"的引荐人　　052

步入三十岁后，就不要再追求安定和平凡了 054
◎ 如何度过跳槽前的三个月，决定你之后的职业发展 054
◎ 不惧万丈波澜，我要乘风破浪 056

三十多岁的你，必须要讲究礼节 058
◎ 越是好朋友，越要重视礼节 058
◎ 商务场合，礼节定胜负 059

三十多岁，要珍惜"与超乎想象的未知相遇" 061
◎ 不陷在同龄圈子，迈入更广阔的天地 061
◎ 体验作为顶尖人才被众星捧月的感觉 062

趁着三十多岁，要找到人生良师 064
◎ 选择什么样的人当导师 064
◎ 选导师前要搞清楚的关键要素 066
◎ 诚恳地按导师的指导去尝试 067

第三章
强化创造财富的核心能力，助力职场跃升 069

趁着三十多岁，要创主业、做副业 070
◎ 顺应时代潮流，乘势开展"主业 + 副业"模式 070
◎ 主业 + 副业，两条腿走路 072

◎ 三十多岁是最适合创业和做副业的年龄　　074

三十多岁，正是挑战各种商业模式的时候　　075
　◎ 他人的委托即是考验　　075
　◎ 拿出超预期的结果　　076

趁着三十多岁，要多磨炼表达和演示能力　　078
　◎ 除了"输入"，是时候该关注"输出"了　　078
　◎ 磨炼表达和演示能力的方法　　080

趁着三十多岁，要多跑客户多拿单　　083
　◎ 成功的人在说话之前就开始行动了　　083
　◎ 靠跑客户去赚钱真的落伍了吗　　084
　◎ 无论是谈恋爱还是搞业务，都要面对面交流　　086

三十多岁，求"质"，更要求"量"　　089
　◎ 真正的锻炼就是多实战　　089
　◎ 压倒性的"量"带来绝佳的"质"　　090

趁着三十多岁，要搞清楚自我守则　　092
　◎ 提前做好准备工作　　092
　◎ 建立自我守则　　093

趁着三十多岁，要搞清楚自己的获胜模式　　095

- ◎ 没需求就没市场　　　　　　　　　　　　095
- ◎ 面对重大项目，先分析再行动　　　　　　096
- ◎ 养成提前研究自身优势的好习惯　　　　　097

趁着三十多岁，要掌握对事物的预判力　　098

- ◎ 形成预判的习惯　　　　　　　　　　　　098
- ◎ 预判力是事业腾飞的关键　　　　　　　　099

以"退休期"视角看三十多岁　　　　　　101

- ◎ 中青年期决定九成人生　　　　　　　　　101
- ◎ 向传说中的良马学习人生规划　　　　　　102
- ◎ 为四十岁后能大放异彩做准备　　　　　　103

第四章
打造全新人格魅力，升华素养　　　　　107

趁着三十岁多，要打造自身影响力　　　　108

- ◎ 机遇是人创造的　　　　　　　　　　　　108
- ◎ 了解影响力的特征　　　　　　　　　　　109
- ◎ 未来是个人影响力决定话语权的时代　　　109

三十岁后，要专注于提高共情力　　　　　111

- ◎ "共情式回应"才能获得更好的沟通效果　　111

◎ 在中青年期提高沟通能力　　113

三十岁后，要掌握表达方式并学会倾听　　115
◎ 向专业展销人学习表达技巧　　115
◎ 倾听能力制约表达能力　　117

三十岁后，要有豁达的胸怀和肚量　　119
◎ 热情对待新来之人　　119
◎ 真正的强者，从不忘扶持后来之人　　121

三十岁后，要多为上司周全考虑　　123
◎ 请成功人士吃午餐　　123
◎ 高位之人也是有感情的凡人　　125

三十岁后，要学会巧妙应对各种社交场合　　127
◎ 不要小看传统的打交道法　　127
◎ 合理利用社交场所　　128
◎ 不妨尝试奔赴一些邀约　　129

三十岁后，无论多忙，葬礼绝对要参加　　132
◎ 比起锦上添花，更要做雪中送炭的人　　132
◎ 我的书稿长期委托给羁绊出版社的原因　　134

第五章
升级习惯，成就更好的自己　　137

趁着三十多岁，要把握好说话方式和称呼　　138
- ◎ 人总是在仔细观察对方的措辞语气　　138
- ◎ 称呼是心理距离的测量仪　　140

趁着三十多岁，要摆脱对虚拟世界的依赖　　142
- ◎ 社交网络无法真正满足自我肯定感　　142
- ◎ 社交网络上的言行被第三者窥视　　143

趁着三十多岁，要养成读书的习惯　　145
- ◎ 出版行业的现状　　145
- ◎ 仅仅是去书店逛逛都好　　146
- ◎ 读书，是读者与作者一对一的人生共创　　148

趁着三十多岁，要掌握获取真实信息的能力　　150
- ◎ 大部分信息会变成免费信息　　150
- ◎ 信息如潮，真实信息更显珍贵　　151

三十岁后，做事要有计划性，不能得过且过　　153
- ◎ 制订三十岁后的时间表　　153
- ◎ 别让与工作相关的爱好占用休息日　　154

三十多岁，要树立正确的金钱观	156
◎ 借钱之人的三个特征	156
◎ 思考金钱的意义	157
趁着三十多岁，要有做好形象管理的意识	159
◎ 管理自己的形象	159

第六章
抓住关键十年，掌握人生走向 **161**

三十岁后，别贪图安逸，寻求捷径	162
◎ 成功没有捷径	162
◎ 看似捷径，实则是最耗时的弯路	163
三十岁后，要积累功德	165
◎ 多伸手助人会扩宽你的未来	165
◎ 向"功德银行"存入善举	167
三十岁后，积极前行的理由	169
◎ 你珍视的人在幸福地微笑	169
◎ 你有权选择自己的人生之路	170
三十岁后，有限精力为珍视之人付出	172

◎ 带着"FOR YOU 精神"待人处世	172

三十岁后的十年，是赢得他人好感的关键时期	175
◎ "先让自己幸福"的理念真的会让自己幸福吗	175
◎ 拥抱幸福，"FOR YOU 精神"乃关键方法	177

进入三十岁的你，是未来的接班人	179
◎ 和一些人相遇，与一些人相伴前行	179
◎ 通过养狗让我意识到的重要的事	180
◎ 致敬三十多岁充满希望的你	182

后记
三十多岁，真实且精彩地活，你也可以　　183

第一章 重塑思维，开启三十岁的无限可能

自己喜欢什么，厌烦什么？

自己擅长什么，不擅长什么？

自己以后想做什么，不想做什么？

自己的人生目标是什么？

自己想珍视爱惜什么，想抛却放弃什么？

什么让自己感到幸福，什么又让自己忧愁烦恼？

三十多岁，要确认自己所在的位置

没能寻到绿洲的年轻人

有一则寓言故事。

一个年轻人踏上了寻找沙漠绿洲的旅途。在这酷热的茫茫沙漠中，他的身上竟然连指南针和地图都没带。

"到底哪里才有绿洲啊？"正在一筹莫展时，他遇见了一位老人。了解到他的窘况的老人好心地把指南针、绿洲地图和仅有的水交给他，然后便告辞了。年轻人目送老人离开后，长长嘘了一口气，"这下我就能找到绿洲了！"他稍做休息，又启程了。

但是，直到最后，年轻人还是没能找到绿洲。

为什么呢？原因只有一个，他根本不知道自己当时在什么位置。

越早看清自己的位置，越重要

在考虑如何走好人生接下来的路时，我们首先要明确的一点就是**"你要清楚自己当前的位置"**。

就像在序言中所说的一样，本书的目的是让我们尽快实现理想的三十岁。因此，明确当前位置是最开始就要做的。而"自己现在站在什么地方"也是你最应该知道的。

拿开车作为例子解释一下。现代社会的汽车几乎可以说百分之百都安装了"导航"设备，这是标配。

每次出发时，你做的第一件事就是先设定好目的地。

但是，如果导航不知道你当前位置的话，无论你如何设定目的地，也是无法搜索到前进路线的。

当然了，导航系统可以通过卫星定位知道你的当前位置，但是人生是没有"卫星"的。除非你幸运地遇到了自己的贵人导师，否则你只能靠自己去把握全局，看清自己的位置。

换句话说，即使你有目标，有目的地，如果没有明确当前的位置，是无法找到通往终点的路线的。

很多人可能面对"当前位置"这个问题有点迷惘。

但是，不知道当前位置是无法启程的。

因此，我们首先要好好把握自己的当前位置，知道自己身在何处。

不需要我再多说什么，这里的"当前位置"自然不是你的住所，不是你脚踩的物理位置。而是指你的"现状"。知道当前位置就是明白自己是谁，就是能够把握自身的状况。

要善于盘点自身现状

如果有人不绕弯子，直截了当地问你："你是什么人？"

很多人可能第一反应是回答目前的职业或社会地位等，比如"做商务的，在互联网企业工作""一个孩子的妈妈""刚刚创业的自由职业者"等。

但是，这一句话就能概括你的全部吗？

我不这么认为。而且，真正反映一个人本质的，其实是职业以外的东西。

但是，一旦说到职业以外的东西，许多人很难表达清楚自己真正的身份。

那么不妨从了解现在的自己开始吧，我们首先要做的是"自我盘点"。

所谓自我盘点指的是：

自己喜欢什么，厌烦什么？

自己擅长什么，不擅长什么？

自己以后想做什么，不想做什么？

自己的人生目标是什么？

自己想珍视爱惜什么，想抛却放弃什么？

什么让自己感到幸福，什么又让自己忧愁烦恼？

尽可能多地罗列出类似以上内容的问题点，详尽细致地分析自我。

而且，最好用笔写到纸上，而不是用电脑或手机敲出来。因为，敲出来的文字和手写的文字，映入脑中的深刻度是天差地别的。

认认真真地、详详细细地把问题点一个一个地写出来，黑纸白字能让人清晰地、客观地并且全局性地认识到自身的状况。

当你知道"自己是谁"后，就不难了解自己现在的位置了。只有把握好自己的位置，才能看清自己理想中的未来，并找到通往美好未来的路径和方法。

换句话说，自我盘点就是一个定位系统，既知道三十岁的你想要去的目的地，也能明确你当前所在地的位置。定位系统运转后再设定好导航，你就会准确无误地到达目的地了。

但是，如果不能明确自身当下的位置，就贸然"开车上路"，不仅会浪费时间，损耗精力、金钱，做无用功，甚至可能永远无法抵达理想的目的地。

因此，我们首先要了解当下的自己，明确真正想去的目的地以及目前所处的位置，这至关重要。建议书前的你，真正理解这些内容后，再继续阅读后续内容。

三十多岁，要保持思维的柔韧性

趁着思维还未僵化，抛却无用想法和旧事物

如今的时代，发展日新月异，瞬息万变。

曾经流行的新事物，短短一年时间，就沦为过时的旧物，这种现象早已屡见不鲜。

在这样的大环境下，能否做到先知先行，已然成为检验个人实力的关键要素。

所谓"快鱼吃慢鱼，快者就是王道"，这么说虽然有些夸张，但是如今的社会，速度决定胜负已经成为不争的事实。

很多站在起跑线上准备开跑的人不知为何都背着沉重的包袱。这里的"包袱"，指的是毫无用处的自尊心，无法摒弃的徒劳思维，过往的失败经历，以及那些意图拖后腿的人际关系，等等。

一个背着五十千克包袱的选手和一个身上毫无负重的选手，哪个跑起来更轻松，哪个能跑得更快，答案不言而喻。

所以，更不用说冲破终点线的用时差距了。你要是想全力冲刺，就不要带多余的包袱。

如果现在的你被过去困住，被包袱压住，就应该趁着三十多岁思想还未顽固僵化，鼓起勇气，与过去做个了断。

没必要为二十岁之前的自己后悔

我们很难让一个背负着沉重过去的人去跑完人生的全程马拉松。

在起跑站做好准备很重要，但是最好想想自己是背着什么包袱在人生路上奔跑。

思考完以后，干脆利落地扔掉多余的赘物，只留下真正需要的东西。只有那些有勇气、有觉悟的人，才能够向着终点全力冲刺，顺利冲线。反之亦然。

三十岁有一项特权，哪怕你为二十岁时虚掷光阴而追悔，但仍有机会去挽回那些错失的时光。

你无须为二十岁的过往追悔，此刻就是重拾往昔、弥补遗憾的最好时机，无论曾经失去多少。二十岁经历的失落与遗憾，反而能与三十岁的人生形成鲜明对照，从反面为当下的生活增添别样价值。

也就是说，三十岁的你，将焕发出令人惊叹的全新光彩，让人难以相信,眼前这个焕然一新的人与二十岁时竟为同一人。三十岁,赋予了人们洗心革面、脱胎换骨的独特契机,这是专属于三十岁的宝贵特权。

三十多岁，要夯实自身的基础

获得无价之宝的"信用存金"

我觉得三十岁需要"有人缘"，而不是"有钱"。

"有人缘"具体来说就是"别人信任自己"。

因此，我们可以希望越来越多的人能信任真实的自己，而不是什么升职加薪。

那些无条件充分信任你的人才是你打好、打牢基础的贵人和财宝。

现实中，有许多人尽管已步入而立之年，却在生活、事业等各方面仍未站稳脚跟。他们时常思索，试图探寻其他发展路径，寻觅能让自己安稳扎根的环境。

实际上，真正关键的因素有两个：一是你当下所处位置与环境的稳固程度，二是你自身的毅力和实力。倘若你自身实力不足，所处环境的稳固性又差，那么，哪怕只是萌生换个环境的念头，实施起来也会困难重重。甚至，当你小心翼翼地迈出改变的第一步时，都可能使自己陷入不利境地。

其实，在现在的环境、现在的位置提升实力，稳固基盘才是明智之策，否则无论去哪里都不会真正安稳下来。

向重要的人分享自我现状

除了上面提到的自我盘点以外，我们更应该做的是让身边的人了解自己的现状。这也将变成我们稳固自身的力量。

以我自己为例，我常常会把自我盘点后的内容罗列出来，分享给导师、家人、工作伙伴或是亲密朋友。比如：

"晚上写稿子，早上睡到11点。"

"日常着装一般不会系领带。"

"自己追梦，但不会要求别人也这么做。"

"别人的话认真听到最后。"

"不在背后说人坏话。"

我让家人或工作伙伴从头到尾帮我念一遍这些细碎的内容，不管大事小事。他们很多人在读的过程中都会惊讶地发现"原来你是在想这些事""原来你工作时在想这些问题"。

即便家人共同生活在一个屋檐下，彼此之间仍有许多不了解的地方。不信的话，可以问问已婚男士，向他们抛出"你太太最爱吃什么"这个问题，能马上给出答案的人少之又少。

同样，被问到"你们公司的部门经理现在最热衷的事情是什么"，能立刻回答上来的总经理也并不多。夫妻之间、家人之间、工作伙伴之间的关系也会随着时代的变化而变化。这种变化不是什么坏事儿。

关系性的变化意味着双方的进步和成长。也正因为如此，主动地告诉他们自己的想法、自己的梦想才能让他们理解现在的自己。

所谓"**亲人无须多言，自会心灵相通**"的说法只是一种**自以为是的任性幻想罢了**。

因此，不仅要将你的现状告诉家人，也要告诉你身边的工作伙伴。

趁着三十多岁，预先稳固重要基盘

这里有一个问题：你想想自己能信任的人，思考一下这些人的共通品质是什么？

不同的人，也许能信任的人数也不同，但是毫无疑问，这些人有着共通点，那就是"向你敞开心扉"。

人，总会信任那些对自己敞开心扉的人。这是每个人共通的心理，无论是在工作上，还是在恋爱中。

换句话说，想要获得别人的信任，首先要自己主动打开心扉。

所以，我们要告诉对方自己是什么样的人，让对方了解真实的自己。当越来越多的人以"可信之人"来称呼你时，这些信任感必将成为你稳固自身基盘的后盾。

这才是三十岁的人要提前做好的稳固基盘的工作。

趁着三十多岁，要理清自身优势

你做的普通小事是否惊艳过他人

在从事出版咨询以及梦想助力方面的工作时，我惊讶地发现，竟然有如此多的人尚未认识到自身的价值。

例如，大约有九成的人都不清楚自己身上值得骄傲自豪之处究竟是什么。

这些人并不是没有值得骄傲的地方，只是不知道自己的优势、强项在哪里。

所谓优势、强项，说白了就是**"你自认为稀松平常的事，却让他人惊艳不已"**。

说到这里，或许很多人都能列举出一两件自认为不错的事，可即便如此，他们对自身的优势仍处于一知半解的状态。

前几日，我问了一位前来咨询的男士一个问题："你现在做什么工作？"

他说："我做了五年律师，但是在业界还是个新人，打官司也不能说是我的优势。"

我连忙称赞："做了五年律师，那不是很厉害吗，这就是你的优势啊！"

他摇摇头："不不不，我上司已经做了三十年了，比起业内行家，我真的是个刚入门的新人。"

在日本，能得到让人眼红的"律师"职业，这本身就是一个大优势，可从他的言辞当中根本没把这当作一回事，甚至还有些"自己职业拿不出手"的感觉。这让我惊讶万分。

掌握审视自我的"客观之眼"

上面的故事并非个例，这样的人不在少数。

这类人还有一种倾向，即被过往束缚了手脚，过于看重他人的眼光。

他们总觉得"又没什么经验，肯定做不好""天外有天，自己算什么"。这种妄自菲薄逐渐变成思维定式，遇事总爱否定自我。

诚然，每个人都不可能对自己的全部了解得一清二楚，但是没有比否定自己选的职业，否定自我身份更悲哀的事了。

即使在恶劣的环境中工作学习，也肯定会有新的学问，新的认识。而且能否将这些新事物转化为自己的东西，就要看你是否能做到客观地审视自我全貌了。

观察现在悲伤的自己，现在努力奋进的自己，现在沉浸其中的自己，观察那个能客观审视自我全貌的自己。

这里的"审视自我全貌"，并不是说要爬到"远在天边"的位置去看地上几乎渺小到不见踪迹的自己，而是站在未来，站在实现理想的高度，去审视现在的自己。

如果能带着这个角度去观察自己，那真是再好不过了。

比较理想的自己和当前的自己，差距和劣势也会逐渐清晰可见。然后用三十岁到四十岁这十年的时光去认真地、彻底地、完美地补齐那些不足和差距。

趁着三十多岁，要掌握"美妙的错觉"

▍让你的思想和语言具象化

人可以想象自己的未来。

我们闭上眼睛，可以遇见哆啦A梦，可以从地球背面登上月球，人的想象力是没有边界的。

你或许会觉得，这些东西和现实简直是风马牛不相及，哆啦A梦之类的怎么可能存在呢？

哆啦A梦可能确实不存在，能登月球的人可能确实没几个，**但是人是一种有意思的生物，身处的现实偏偏会受到想象中的东西所牵引。**

这绝不是什么无稽之谈。这是有科学根据的，与人的潜意识有密切关系。

有关脑科学的研究理论已经证实，人在做具体想象之后，大脑会无意识地朝着那些想象运转。

比如说，当你想要一辆进口汽车，有关进口汽车的信息出现在你眼前的频率就会剧增。当你想与某类人共事，你就会偶然碰见有类似品质的人。想必你多少也有过类似的经历。

"好的想象力会带来好的实际效果。"这句话虽说有点抽象深奥，但也确实说明了大脑奇妙的机能。

一个总是爱感叹自己"没有遇见好男人的命"的女性，总是会下意识地给自己贴上"不会遇见好男人"的标签，这种想法也将逐步具象化。

这里的"具象化"其实就是"自己在无意识中会努力地搜索、寻找，进而制造出想象中的现实"。

这不是运气或环境的问题，而是由人的思维和认识所牵引生成的。

我曾在拙作《化为现实的语言》一书中提到，如果我们改变自己要说出口的言辞，改变自己原有的思维和认识，具体地想象理想中的自己，这样，人生将会扭转颓势，向好发展。

只需改变言行，就能轻松地实现理想

轻松愉悦地勾勒出未来理想中的自己，强烈而反复地将"最强的自己"深深刻入脑海。这，便是所谓的"美妙的错觉"。

"美妙的错觉"能够在你日常的一举一动中，悄然调动大脑的潜意识，让你在毫无察觉间，一步步迈向理想的未来。

这种无意识如果有了现实行为的加持，效果会倍增。

这里的现实行为是指"有意识地使用积极乐观的言辞""主动接触和学习那些已经将你的理想变为现实的人"。或者是进入那些人的社交圈，听听他们的教诲，读读他们的经历，学习他们的言行举止。

这样，你也会获得将理想转化为现实的力量。

向登过山的人请教登山之道

我父亲曾教导过我要向登过山的人请教登山之道。也就是说，如果你想登上山顶，最好请教到过山顶的人，问问他们是怎么登山的。

这句至关重要的话是成就现在的我的原动力之一，也是我能灵活应用到商务工作和与人沟通上的重要教诲。

同时，这句话也让我明白"向他人请教不懂的问题，并不丢人"。

如今的时代已经是终身学习的时代了，但是三十多岁时的知识吸收消化能力是四十多岁时不能比的。我们要尽可能地趁着年轻多吸收消化各种知识。

为此，要多去见见那些我们心中的榜样，多去请教他们，向他们学习。

　　三十岁的人步履轻快,时间充裕,而且金钱相对宽裕。不要顾虑太多,只管躬身实践,吸收新知识即可。这些也是三十多岁的人才有的特权。

趁着三十多岁，要提升容纳矛盾和接纳现实的能力

社会是个充满矛盾的绝美世界

对于刚刚步入社会的人来说，不管能力如何，那些备受上司或前辈关照的人总能得到好评。也许你也曾对这种现象耿耿于怀。

但是，无论什么行业、什么工作，都不能一个人独立完成。

正因如此，二十岁的职场新人除了努力工作外，还要搞好自己与上司、前辈的关系，这样才能灵活地开展工作。换句话说，沟通能力越高，受到的业务评价也会越高。这种现象看上去比较矛盾。想获得好评，关键在于如何与上司和前辈们沟通，但是沟通方法不可能写在入职培训的课程里，也不可能有人手把手地教自己。

说一个题外话。我老家在一条开着各种酒铺、饭馆的步行街里。小时候，我回家必须穿过一条小路，路上挤满了

咕嘟咕嘟大口喝着啤酒的大叔和大爷们。每次我路过时，他们总是冲着我喊道"千万得好好学习呀，不要变成大叔这样""好好待你的小伙伴儿啊"。

现在想起这些，觉得那些大白天就开始灌酒的大叔大爷们居然这么好为人师，简直让人笑掉大牙。但是，当时的我并没有这么想，而是笑嘻嘻地应声感谢他们。

也许是因为我在这里生活了很久，我从不觉得从大白天开始喝啤酒是什么坏事，也从未把他们当作脱离社会的"异类"。甚至可以说，那群不知是否有工作的大叔大爷们教给我如何享受当前人生。

时常听说那些在学生时代风光的学生会会长或年级长，一走进社会就栽了不少跟头。推测一下可能的原因是，他们虽然离开校园，走进社会，但还要求别人去维护他们眼中的"大道理"。

他们这些人应该不会接触到那群白天就醉醺醺的大叔大爷们。即使碰到了，也很可能理直气壮且带着轻鄙冷漠的口吻抛出一句"别从大白天开始喝酒"。难怪他们一进社会就会吃苦头。

因为，社会本身就是充满矛盾不解的世界。

我们经常会发现，学生时期的捣蛋鬼走入社会后会更顺利，也更能出人头地。这可能是因为他们在无意识中接受并吸收了"社会是个矛盾体"的事实。

从上小学起,我就在家附近卖章鱼烧的小吃摊帮忙,干了很久,但这算不上什么像样的工作。如今想一想,多亏了那个工作,我接触到的前辈们和工作伙伴们教给我很多课堂上学不到的东西。

我想,那时候的我几乎每天都会碰到喝醉的大叔大爷们,身边也都是如今早已消失的专科学校的"问题少年"。在这样的环境中耳濡目染,我也无意识地明白了一个道理:社会是个矛盾体,一根筋地遵循大道理是行不通的。

从某种意义上讲,那些喝醉的大叔大爷们,那些论资排辈对我颇为严苛的前辈和工作伙伴们也是我的人生导师。

尽快抛掉二十多岁时的"孩子气"

二十多岁刚步入社会时,我也常常陷入痛苦、烦闷与愤愤不平之中。

我认定正确的事,得不到他人认可;想做的事,没法痛痛快快地推进;付出诸多努力,却总是得不到好结果。

当我发现映照丰满理想的居然是骨瘦如柴的现实后,我踌躇迷茫,焦虑不安。

当时我自以为很丢脸,有苦说不出。但是现在想想,也许正因为年轻，反而容易获得周围人的宽容和谅解。即使失败了，身边还有一直支持我的前辈，还有恨铁不成钢的师傅。

但是，这些后盾只是后盾，绝不能变成依赖。只有意识到这一点的人，才能更快地出人头地，才能到而立之年获得长足的进步。我现在才懂了这个道理。

事实上，如今这个年代，到了三十岁依然举止鲁莽、言辞幼稚的"巨婴"不在少数。这些人多半到三十岁以后，突然觉得周围给他的压力一下子增加了不少，但又说不出问题出在哪里。

人一到了三十岁，社会对他的视线就会发生变化。就算只差一天，29 岁的你和 30 岁的你在旁人的眼中也是迥然不同的。

因此，一进入三十岁，就必须抛开以前的"孩子气"。二十多岁的随心所欲不能带到三十岁。

这是要牢记的！

三十多岁，要建立自我思维轴心

别让他人评论操控你的脚步

哪怕我平时不怎么看电视，可只要一打开电视，就能看到电视主播或评论员针对当下新闻、事件发表各式各样的解说与见解。或许是我有些小人之心了，但不得不说，某些电视节目从本质上看，藏着节目制作人或演出嘉宾的小心思——想要获取观众的共鸣。这种"演戏"般的节目，总会让我觉得格外别扭。

再来看看互联网，有的网民们隐匿在屏幕背后，针对同一则新闻或事件肆意发表极端言论。他们凭借匿名的掩护，肆意宣泄情绪、排解烦闷，毫无顾忌地畅所欲言，将人性中的阴暗面暴露无遗。

在这样的情形下，我们更应审视自己内心的真实想法。要知道，一个缺乏"问题意识"的人，最终难免会人云亦云、随波逐流，在不知不觉中逐渐迷失自我。

比如，某位艺人或明星召开记者会为丑闻致歉，你对这件事情怎么看呢？

很多人在观看致歉会时，或许会一边听着主持人或评论员的解说，一边不由自主地点头或摇头。但实际上，这不过是在对他人的意见做出简单的肯定或否定，并非基于自己深入思考而形成的见解。

依照自己的意愿去做事

到了而立之年，要把自己"立"起来，"立"到什么程度对以后的人生之路有着至关重要的影响。其中首要的一步就是"立"出一个不随波逐流、人云亦云的人。

"立"要从两个视角来看待事物。

第一个视角：如果自己站在这个立场会怎么行动。

比如，站在致歉者的视角上，如果是自己要致歉的话，会说什么，会带着什么表情，怀着什么心情参加记者会。

第二个视角：如果自己在这个人的身边，该怎么行动。

也就是站在致歉者亲朋好友的视角上，即自己珍视的人召开致歉记者会的话，我会是什么心情。

当你从这两个视角去看待问题时，那些与以往截然不同的想法就会自然而然地涌现出来。这才是你的本心，你的原创。

如果有意识地从这两个角度看问题，即使看日常生活中公共汽车上的吊牌广告也会有不一样的感觉。在公共汽车或马路上突然看到引人注目的海报或广告，会下意识地观察并思考：

"为什么会对此有触动？"

"制作广告的意图是什么？"

"如果是自己，会说什么话？"

你会发现自己逐渐地有了自己的想法。

如果你感到"自己总受到社会的毒打""自己没有什么主见"，可以有意识地从这两个角度看待各种问题。

从这两个角度出发得出的观点，完全属于你自己，而这些独特观点，正是"立"出自我的基石。

趁着三十多岁,要有"我的事我做主"的意识

是时候从"随大流"毕业了

日本人的体质很容易受到周遭环境的影响。

大家都往右走,那自己也毫不犹豫地右转,大家都停住脚步,那自己也要停下。向大家看齐的意识能给人安全感,对此完全没有任何怀疑。

在日本,人们在特有的同节奏压力下成长,穿着同样的制服、背着同样的书包上学已然成为一种理所当然的现象。或许正因如此,与其他国家相比,日本孩子在个性培养教育方面存在显著差距。

此外,日本人尤其习惯用否定和异样的眼光看待那些与周围人不同的人。在以"个性是种罪"的社会风气和主流思维下,产生了很多不善于展示自我优势的人。

二十多岁的人刚刚毕业,进入社会后的主要任务就是"向他人学习",但是到了三十多岁,就会遇见很多考验磨炼

自己的机会。

你有没有感觉，无论是在客户磋商还是宣讲展示的场合，自己的表现与同时进公司的人比简直有天壤之别。

明明是不久前站在同一起跑线的伙伴们，怎么有的人就跑得这么快，彼此之间产生了很大的差距呢？陷入这种诡异感中，会愈发焦虑和不安。

那么差距从何而来？

这种差距的根源在于，三十岁的人在知识获取与运用过程中，存在不同的问题意识。具体而言，思考一下，从长辈那里接收的知识，是否只是机械地存储在脑海里，未曾经过深度加工？自己能否基于这些知识，形成独立的观点和见解？向外表达观点、输出成果时，是否具备创新性？在这些关键环节的表现，最终决定了人与人之间的差距。

也就是说，要摆脱"大家往右走，你想也不想就右转"的思维，就要带着自我意志，并能巧妙顺利地"输出"自我主张。只有这样的人，才能摆脱思维定式，脱颖而出。

如果三十岁还没有掌握这种问题意识，那很可能四十岁、五十岁，甚至一辈子都只会人云亦云，随波逐流。

大家一起"闯红灯"也会出事

曾看过一个节目，里面有一位五十多岁的大叔，因遭遇诈骗，正向一位演艺圈的从业者寻求咨询建议。

艺人问道："你为什么去投资？"

大叔嘟囔着说："大家都在投资嘛。"

虽然，这种节目的制作人让一个没有投资专业背景的艺人去为诈骗受害人做咨询，不免有作秀嫌疑，但从上面的对话来看，这位受害人完全没有什么问题意识，是一种典型的"随大流"的性格。甚至可以说，他内心深处还信奉"大家一起'闯红灯'不会出事"这样的话。

动动脑子吧。大家一起"闯红灯"，说不定什么时候就会变成流血惨案。

所以，当大家都往右走时，如果你觉得往左走才对，那么一定要坚持到底，鼓起勇气向左走。

自己考虑周全后选择的路，即便是走错了，也不会怪在别人身上。

换言之，不管好的坏的，三十多岁的人要有责任意识，要对自己的行为、自己的言论负责。

趁着三十多岁，要多积累失败经验

接纳"不服输"执念背后的现实

不知道有没有人曾想过"自己绝不能输给某个人"。

如果有，我想告诉你一句不中听的话——**只要你这么想，就一定输给他了。**

三十岁的人与二十岁的时候不同。二十岁时可能只考虑眼前的事，到了三十岁，就应该把眼光放长远。正因为三十岁要磨炼先见能力，才会想和周围的人做比较。

渴望一争高下、分出胜负的心气儿是人之常情，无可厚非。只是，随着竞争日益激烈，一旦意识到自己输了，人难免会受挫，还会在无意识间对他人"鸡蛋里挑骨头"。

也许，只有到了三十岁，才会有这样的心境，衡量人生输赢时，满是现实的无奈。

从打败自己的对手身上学到东西

虽说我之前大言不惭地提出"问题意识",其实,我也有一段非常介意周围人眼光的时期。

那是三十五岁之前,虽然我已经经营着一家酒馆,但是不理想的营业额让我苦恼万分。

有一天,我的导师带我去了一家他熟悉的酒馆,算是让我参观学习,找找办法。那家店门庭若市,有口皆碑,我一进去就明显感觉比我的店生意兴隆得多。

出来以后,导师问我:"茂久,你觉得这家店怎么样?"

带着一丝不甘心,我悻悻地说:"服务一般般,味道嘛,也就那样儿。"

导师听罢,就说了一番话:"是啊,可能你说的也不错。不过,茂久,可惜你的店啊,在这时候已经输了。"

头顶"轰隆"一声,我说不出话来了。

"**输了确实不甘心啊,你这么挑剔我也可以理解。不过,光这么鸡蛋里挑骨头,还是会输。你得先把这种心思放一放,多想想为什么这家店人气这么旺,这个'为什么'很重要。如果能找到这个'为什么'并为我所用,那个时候,你肯定就会赢。**"

导师的话就像闪电击中了我一般。

那时候我从来没想过"为什么那家店比我的店生意好"这样的问题。

自此以后，我开始埋头认真研究那些人气旺的小吃店，寻找他们生意好的因素，最后成功地提升了我的酒馆的营业额。

经过这件事，我终于明白了向打败自己的赢家学习为什么这么重要。学会诚恳地认输，然后不断地研究对手为何会打败自己。明白这个"为何"后，才能为以后的成功打下基础。这是我的亲身经历。

如果总是为失败耿耿于怀，不肯发自内心地接受现实，是永远不会进步的。

甚至，这种消极态度会沦为旁人的笑柄，让人觉得你是个输不起的失败者。这种态度不仅于事无补，对未来也毫无助益。

换言之，你心中那个"绝不能输给他"的人，一定是你通向成功之路的贵人。

我们要向他学习，找找他身上自己没有的东西。形成这种学习意识，你一定会被成功眷顾。

"输得起"是通往胜利的第一步。

趁着三十多岁，要多接触行动派，而不是点评派

理解领导者的立场

三十多岁，恰是青春正盛之时。在那些即将退休的人看来，与自家孩子年纪相仿的三十岁年轻人，总会让他们油然而生一种像对自家孩子一样的亲切感。

很多时候惹那些和父辈一样年级的上司生气，遭到他们的训斥，多半也出于望子成龙的感情。

三十岁，恰是青春风华正茂之际。在那些即将步入退休阶段的人眼中，与自家子女同龄的三十岁青年，往往能唤起他们内心深处对自家孩子般的亲近之感。基于此，在诸多情形下，三十岁的青年若引得年龄与父辈相仿的上级心生不悦而遭致训诫，很大程度上是源于上级内心深处那份望子成龙的殷切期望。

但是，如今的职场总是充斥着很多对"职权骚扰"的控诉，就连大声呵斥下属后辈都成了职场禁忌。也因此出现了

很多人遇见想说、该说的情况，却害怕被人扣上"骚扰"帽子而把话吞进了肚子里。

说实话，没有人愿意发脾气。

生气需要耗费精力，而且不知道有没有用。万一对方来一句"我要辞职"，责任都归咎到自己身上了。因此，不得罪人的策略成了默认的规矩。这种"多一事不如少一事"的职场规矩让生气的人越来越少，从某种意义上看也是一种无可奈何吧。

但是，如果有上司或前辈冒着破坏规矩、被扣上"职权骚扰"帽子的风险也要狠狠地训斥你，先不管这种指导方法到底合不合适，我觉得首先要感谢上司的这份气魄。

三十岁，也是非常渴望获得赞赏、好评的年纪。

确实，三十岁的人基本上了解了社会的游戏规则，工作上也已经驾轻就熟，有时候确实会翘尾巴。

这时候一被训斥很可能会灰心丧气，甚至想顶撞反驳。但是我敢断言，那些被时常训斥或指点的人，才是受到上司或长辈期待的人。

因为，上司或长辈为你的错误生气发怒，正是盼你尽快成长的外在表现。

从这个角度来看，做错事的人受到训斥也没必要灰心丧气或反驳顶撞。甚至可以说应该感谢他们的怒气，真正地接受他们的忠告。

想提升获胜的运气，最好站在击球区

常被上司或长辈训斥的人还有一个特征，那就是"总是在践行"。

不断在践行的人也会不断犯错，不断失败，但是屡败屡战，精神可嘉。

因为他们"总是站在击球区"。

这些站在击球区，不断挥动球棒的人，就是不断躬身实践的人，他们不久就会击中球，甚至打出全垒打。击球新手棒棒落空也是无可厚非的。

然而，有太多人要么待在候补击球员准备区，要么待在选手候场席上，却对赛场上的选手指手画脚。他们自己明明没有站在击球区参与比赛，却还在一旁指点，说这个投手该如何投球，那个击球手应该怎样击球。

只有站在击球区的人才可能抓住进垒的机会。

倘若你听取了那些久经历练的前辈们的箴言，就如同掌握了在赛场上精准击中目标的诀窍。如此一来，当身处正式场合，你站在棒球场的击球区时，内心涌起的勇气会自然而然地驱使你竭尽全力挥舞球棒，力求获得更多击球机会。即便挥空了，也无须在意。这份勇气终将引领你迈向灿烂的未来。

棒球手的运气和他的击球数是成正比的。

对于三十岁的人来说，能不能站在击球区，能不能多挥动球棒是最重要的。

相比之下，所谓的上场就打中或来个本垒打并不重要。击球率也不是这时候要考虑的问题。为了有一天能打出本垒打，最重要的就是尽可能地多站在击球区，尽可能地多挥动球棒。

有这些准备才能真正地收获知识，吸取前人经验并付诸行动。

掌握人际交往技巧，解锁三十岁的社交红利

第二章

无论面对什么问题，都要向周围的人表达自己的所思所想，与他们交流彼此的价值观。

当你有机会和顶尖人才交流时，一定要不卑不亢，带着"总有一天我必将加入其中"的自信心，虚心向他们请教。

三十多岁，无须害怕人际关系的变化

不要总局限于同一个圈子

有些人到了三十多岁，社交圈子依然局限在学生时代的玩伴，每周定期相聚。如果你也如此，不妨重新审视一下自己。

学生时代结下的友谊，能历经岁月的考验，无疑是珍贵而难得的。然而，从事业发展的角度来看，当一个人在工作中投入的精力越多，他的社交关系和人脉网络就越容易发生显著的变化。这是个人成长的必然规律。

随着个人不断成长，其生活轨迹、兴趣爱好和人生目标都会发生改变，身边交往的朋友自然也会随之更迭。尤其是三十岁之后，从社会发展的宏观视角来看，如果身边的朋友同样专注于事业，形成"大家都忙碌于工作，无法承受如此高频次聚会"的状态，反而体现了一种更为健康、成熟的社交关系。这种基于共同事业追求和人生阶段特点的社交模式，更有助于彼此在事业上相互支持、共同进步。

人大致可以分为两类：一类渴望不断发展进步，另一类则安于现状、无意进取。

倘若身边有属于后者的朋友，他们很可能会成为你前行路上的阻碍。因此，自步入而立之年起，31 岁和 39 岁这两个关键时间节点，将如同生命旅程中的重要坐标，见证你人际关系翻天覆地的变化。持续成长发展的人，随着年龄的增长，必然会攀高进阶，实现更大的突破。

实际上，我们没必要过度依赖现有的人际关系。在这个日新月异、瞬息万变的时代，于人际关系而言，唯有主动求变，才是真正的"以不变应万变"。

不要轻视价值观共享

也许你格外珍视当下的人际关系，十分享受与共事伙伴相处的时光。那么，接下来我就讲讲如何在"改变"与"保持"之间找到平衡，维护好现有的人际联系。

究竟怎样做，才能在稳步走好自己人生每一步的同时，维系住过往积累的人际关系呢？

那就是无论面对什么问题，都要向周围的人表达自己的所思所想，与他们交流彼此的价值观。

周围的人包括朋友、夫妻、恋人、父母、孩子等，也包括所在团队中的成员。

在错综复杂的人际关系网上，只有不断地与他人交流当前价值观，才能及时弥补和修正沟通上的偏差。尽可能地多与他人互通价值观，让对方有机会好好地理解自己，彼此之间的沟通才会越来越顺畅，对方也能真心地为你加油鼓劲。

倘若只因他人的缘故，自己便在前行的道路上举步维艰，那大抵可以断定，从一开始，你们之间的关系便不过是利益的短暂捆绑。在这样的关系里，无须再费力去分享自己的价值观，心无旁骛、坚定地走好自己的路，才是重中之重。

三十多岁，要珍视自己的重要之物

▎没必要花时间搞清楚厌烦之人的可取之处

时间，真是个不可思议的东西。与意气相投的人共处的时间、沉浸在兴趣世界的时间简直是白驹过隙，稍纵即逝。与话不投机半句多的人被迫待在一起的时间简直是度日如年，煎熬万分。

有人可能会反驳："就算对那些看不顺眼、话不投机的人，也别光盯着缺点，得多想想人家身上的优点，试着放大这个优点，与之相处看看。"

但是，我不同意这个说法。

人生中，没有什么比在让自己厌烦的人身上耗费时间，更令人痛苦煎熬的了。

三十岁的人原本就事务多、工作忙，还要硬挤出时间勉强自己去应对厌烦的人，这简直就是雪上加霜，其实根本没有这个必要。

即使这个让自己厌烦的人不在身边，自己还要伤脑筋去想办法好好与之相处，这和在这个人身上浪费自己宝贵的时间没什么区别。

最糟糕的是，那种强烈的厌恶感和不愉快会拧成一股相当强大的力量，消耗一个人巨大的精力，让人白白丢掉了属于自己的珍贵时间。

增加与意气相投之人的相处时间

我们可能很难突然切断由来已久的人际关系。那不妨尽可能多地把时间花在喜爱的人和热爱的事上。

工作之余的时间本来就不多，很难再抽出时间去应付厌烦之人，自然也可以光明正大地谢绝他们的邀约。

看看，解决方法就是这么简单！

当我们与意气相投之人相处的时间成倍增加了，心情也会好起来。这种好心情自然能感染周围的人。因此，要尽最大的努力，花最多的时间与喜欢的人相处。

人在做判断时，很多时候是通过一种不可名状的直觉感受来判断的，并非从本质或既成事实来判断。

如果感到对方是个快乐的人，就会很想上前搭话，想进入他的圈子。人们常说"近朱者赤，近墨者黑"，相当于周围朋友的形象决定了自己的形象。

那么，我们更要辨别好谁才是我们真正欣赏、喜爱的人了。

为此，首先要筛选好由谁来占用自己的时间，做好人际关系的取舍。

不考虑任何人情世故、颜面排场，仔细考虑对自己真正重要的是谁，自己和哪个人在一起会更自在，更像自己。

其实，好好地和那个珍视自己的人相处，对三十多岁的人来说也是要务。

趁着三十多岁，要掌握汲取周围人知识经验的能力

▍把优秀人才吸引到自己身边

无论是我自身的经验，还是从工作中接触到的形形色色的人的经历，都表明一般一个人到了三十多岁，就会变得要强又想出人头地。

因为三十岁以后，逐渐适应了社会环境，开始有了一定的社会地位，"我渴望赞赏好评""我想独立自主且游刃有余地处理各类事"这种心劲儿的出现也是可以理解的。

但是，我们必须牢记工作不是单打独斗，而是团队作战。尤其对于被上级委以团队领导位置的人，团队中的每位成员的动向都是上级评价你的要素。

你是否能把优秀人才吸引到你身边？这些优秀人才能为你努力到何种程度？

这些要素都关乎上级对你的评判，需要特别注意。

托各位的福，我自工作开始就受到各种各样优秀人才的

垂青。能拥有这份得遇贵人的运气，实在令我深感自豪。现如今，依然有很多非常优秀的人留在我身边。

在我主办的培训班里，学员们可谓人才济济、卧虎藏龙。其中，有毫无行业背景、不懂专业知识，原本在乡下做家庭主妇的人，后来成为指导师实现了每月 100 万日元的收入；有处女作销量突破了 30000 册的作家；还有做到拥有 2000 多家健美俱乐部的日本头号教练。这些都是活跃在各行各业一线的佼佼者。

除了这些明星学员外，我还拥有一支在背后默默支持我的项目团队。团队里，有来自行业协会的企业高手，他们负责处理我最头疼的组织架构、会计实务和系统管理等工作；有从大型百货店过来的专业会计负责人；还有能够独立负责运营年销售额超过 80 亿日元企业系统的互联网领域负责人。他们各有所长，为项目的顺利推进提供了坚实保障。

如果一个一个地介绍，恐怕这本书都列不完他们的名字和事迹。这些优秀的人在他们的职务工作中都能独当一面。

我如今能够安心坐在这里撰写本书，毫无疑问，这都得益于他们的卓越努力与无私付出。

还有我的老师们。回首过往，无论是二十岁，还是三十岁出头的时候，我都十分幸运，遇到了众多导师和贵人。在许多关键节点，他们都给予我耐心的教导，让我受益匪浅。

把"傍人门户"变成"假力于人"

如何增强遇见贵人的运气呢?

这个问题有一个简单的解决办法,那就是**真诚地、直接地去请教他人。**在发愁找不到解决方案的时候,有必要向他人请教的时候,就去找行业的专家高手,问问他们该怎么办。

很多人自以为"身为领头人,就必须样样拿手,处处精通",但这种想法是不可能实现的。

即便是领头人,也不可能面面俱到,对各个领域都了然于胸。只要是肉身凡胎,肯定有自己不了解、不擅长的领域。甚至很多时候,一个人除了某些擅长的领域外,其他方面可能存在诸多不足。

因此,我们要善于借用他人的专业能力,这样问题沟通起来更顺畅,工作推进也会快很多。自己总也做不好的事,就老老实实地交给能做会做的人吧。

像"我自己做不好,让别人知道了多丢人啊,还会被扣上无能的帽子"这种论调简直是在胡说八道。

请教他人不会被人看轻,不会被鄙视。即便真有,反正问题已经得到解决,这些根本不算什么大事。

其实,那些身怀绝技的人要比你想象得更愿意出来一展身手。看见你真诚地请教问题,他们绝大多数人都期待彼此

的愉快合作。

在寻求他人帮助前要清楚自己哪些地方做不好，然后寻找、接触擅长相关领域的专家和高手，并化为并肩作战的伙伴。尤其在团队作战时，这些各自领域的卓越人才将成为你的力量源泉。

因此，首要的任务是搞清楚自己的弱点和劣势，以及周围人的优势和强项。

如果在平日里能做个专项名单，列出谁在哪些领域做到何种专业程度，也不失为一种好对策。记在脑子里也可以，不过最好能写到纸上。而且列出来人际关系网后，在你找不到解决方案时，一眼就能看出应该找谁商量。

躬身请教，诚恳地向对方说"我全靠您帮忙了"，实际上就是借助对方的力量让自己得以进步。

越是优秀的人，就越能高明地调动起其他人。这样的人就是舞台缔造者。

如果能在三十岁时掌握这种力量，我保证今后你的人生会有飞跃性的变化，会更加丰富，更加精彩。

三十多岁，必须明白牵线搭桥的规则

不要越过引荐人

越来越多的人步入三十岁后，几乎都会站在要担责的位置上，与此同时，在职场和工作之余也有更多机会和场合遇见新面孔。

在被人引荐或介绍时，彼此在对话交流上务必注意言行，小心措辞。这一点一定要铭记于心。

有时候很多人际关系出现嫌隙、芥蒂的原因就在于此。

比如说越过引荐人，突然与被引荐人直接联系的情况。

令人惊讶的是，像这种没能理解其中约定俗成的规矩，造成各种争端纠葛的人竟然不在少数。

假设介绍人是 A，被介绍人是 B。

A 把你介绍给 B 后，你绝不能忘记与 A 商量和报告你和 B 之间的关系。

比如：

"前几日托您介绍的那位，我这边能直接与他联系吗？"

"后来，我和 B 做了这些业务工作。"

"多亏了您，我才能和 B 有了这些业务的开展。"

多向 A 商量、反馈你和 B 之间关系的进展，A 会认为你比较懂规矩，能让人放心介绍，一定还会帮助你。

在谈生意、做业务时，这种事前事后的反馈一定要牢记，否则很可能 A 再也不会为你牵线搭桥了。

所谓细水长流，源源不断，如果作为引荐人的"上游"被截流了，那么作为被引荐人的"下游"肯定不久就会干涸见底。

反过来说，虽然要花精力向引荐人反馈，但只要珍惜这个"上游"，就不愁没有水流到"下游"，更不会有干涸的窘况。

总而言之，引荐和被引荐这件事是非常敏感的，再怎么小心谨慎也不为过。

在你与 B 接触的短时间内，要尽可能避免一些情况。一是避免业务发展相关情况从别人嘴里传到 A 那里，而不是你直接告知 A；二是避免让 A 觉得 B 和你的关系比 A 与你的关系更加紧密。

也就是说，细心地为引荐人考虑，不让他产生被人"过河拆桥"的情绪，简单点儿说就是对引荐人做到礼数周全、面面俱到。

珍惜作为"上游水源"的引荐人

珍惜作为"上游水源"的引荐人这一点,职场女性尤其要注意。相对来说,男性更重视事物的纵向关系,更擅长把握这种人际关系上的平衡,而女性则侧重于横向关系。

这些倾向已经刻在人类进化发展的基因上,是一种本能的潜意识。

即使在这类纠葛争端出现后,我伸手帮一把,稍做点拨,很多情况下,当事人也会陡然变脸道:"我有什么错,要是这样的话,他不给我引荐不就得啦!"

社会有社会的游戏规则。

在商业领域,如果有人给你介绍人脉,那几乎相当于他为你带去事业腾飞的机遇和莫大的潜在利益,甚至还有充实的未来等宝贵财富。对此你付出的所谓的"礼数""反馈""汇报"等精力与之相比,简直是微不足道。

你可能觉得我有点小题大做。但是,细致周全、小心谨慎地应对这些敏感点,确实是有利无害的事。而且,作为引荐人对你的这份信任感,毫无疑问会对你以后的事业之路产生至关重要的影响。

社会有不成文的游戏规则,即使是麻烦费劲,也不可忽略或无视。

学生时代的关系几乎是横向交织的,因此二十多岁的人尚未彻底摆脱这种横向思维,还未明确地把握现实的金字塔意味着什么。

但是,到了三十岁后,不管你愿不愿意,都要面对现实,面对社会,面对金字塔式的游戏规则。在被引荐的过程中能否做到礼数周全,可能会成为其他人对你待人处事的评价标准。而这个评价标准的划分就在于礼数和心意的区别。

准确把握这个金字塔的游戏规则,深入认真地思考如何构建自己与周围人的关系,这无疑是三十岁的人所面临的特有的重大问题。

步入三十岁后,就不要再追求安定和平凡了

| 如何度过跳槽前的三个月,决定你之后的职业发展

不知为何,很多人喜欢"平凡"一词。

这种喜欢的背后也许藏着一种心理特征——"多一事不如少一事"。换句话说,比起让人兴高采烈的喜事,有平凡的日常生活就足够,也不会有大喜大忧带来的烦恼忧愁。

但是,我们很清楚,三十岁以后,人生路上的障碍苦难以及成长过程的牺牲都是避无可避的。而且越是逃避困难,困难就越来越难缠,压在你身上,让你越来越寸步难行,停滞不前。

假如说你决定三个月后辞职。一个你边工作边焦急地想"哎,好想赶快辞职啊,三个月能不能过得再快点呢!"另一个你则边工作边想"在这里只剩下三个月了,好好工作,不留遗憾,加油!"两者对比起来,后者的你无疑在未来会迎来转机。

如果你能在剩下的三个月内拿出百分之二百的精力拼命工作，别人会对你刮目相看，甚至为你另觅新枝而加油鼓劲儿。

有人挽留努力工作的你，有人为你的跳槽伤神，这些都会改变自己对自身的认识，也势必会给你的下一个工作带来积极影响。

但是如果你消极地对待当前的工作，并恨不得早点离开这家公司，那很可能在新的公司会陷入同样被动的局面，也不会得到老同事的协助。甚至在跳槽之后还会出现更糟糕的状况。

假设自己和现在的上司处不好，烦恼之余决定跳槽，但是这种因为处理不好与上级关系而跳槽的人，恐怕在新公司还会遇见更头疼的上司，陷入更糟糕的上下级关系。

越怕什么，越来什么。如果你与上司搞不好关系，也学不到东西就打算直接溜走的话，可能会面临更大的考验，逼着你去学会这些为人处世的道理。

这种情况可能会无限循环下去，直到你学会为止。

我接触过各色各样的人，总觉得世间人性总是这么不可思议，但这可能也是一种规律吧。

不惧万丈波澜，我要乘风破浪

如果你无论去哪里都会碰到讨厌的人，总是因为同样的事情而烦恼不已，那这可能不是外部因素引起的，问题出在你的内部。

凡事不追究自己，碰到事就怪别人、怪公司、怪社会，那你永远都学不到东西。

为此，就算是为了将来的自己着想，也不能逃避眼前的困难和烦恼。

遇到事就逃避的人是无法成长发展的。

人在成长进化的过程中，不管你多想走平路找捷径，还是会遇见大大小小的风浪的。逃避困难，不愿付出，也很难收获成功。如果你不再逃避，正视困难，想方设法地解决"拦路虎"时，就该轮到那些"拦路虎"落荒逃窜了。

想要达到目标，获得成就，遇事就要沉着冷静，带着"纵使前方万丈波澜，我也要乘风破浪一往无前"的决心去面对困难。很多时候，你会发现这些虚张声势的"拦路虎"个个都是"纸老虎"罢了。

为这些困难设定标准值，你会发现很多问题都在预想范围内。既然都在自己的预想范围内，那就没什么可怕的。

就像本书开头多次提到的一样，三十多岁是各个方面都在发生变化的时期，这些变化是不可避免的，也是必需的。要抓住机会，多去挑战新事物，体验新事物。

带着"不惧波澜，乘风破浪"的士气，勇往直前地不断接受挑战。

三十多岁的你，必须要讲究礼节

越是好朋友，越要重视礼节

"亲友讲礼节"，很多人都了解这个社会规则，但是有多少人会真正遵守这个社会规则呢，你做到了吗？

很多人在步入社会之前并没有这个规则意识，但是社交礼节是步入社会的人要遵守的基本礼仪，无论什么场合，没有合适的礼仪礼节无法构建彼此的信赖关系。

比如，我们最亲近的是家人，很多人觉得既然是家人，就不必考虑礼节之类的事情，因而随便看别人的手机，不经允许随意进出别人的房间等。

就算是家人，也绝不能侵犯私人空间。反过来讲，越是关系亲密的人就越要用心对待，多加思量。

你如何对待朋友呢？

二十多岁的你还能带着学生时代的冒失和天真与好友来往，但是三十岁以后，有繁忙的工作，有家人的牵绊，你和好友的生活都出现了很多变化。

如果你没有意识到彼此生活的改变，还像以前一样觉得对方能体谅自己，仗着老友的身份勉强对方与自己嬉戏玩乐，或是话不经大脑，吐出一些否定对方人格的言辞，你就是在不知不觉间伤害了对方。你有过这种经历吗？

如果这个好友是一辈子的好友，那就更要尊重这个人，尊重他的价值观。

商务场合，礼节定胜负

人到三十岁以后，在商务场合，多多少少能考虑到一些商务礼节礼数。但是，你的周到礼数会不会只针对上司和客户等身份地位较高的人？

上司确实会给你的工作打分，但是毫不夸张地说，真正给你打分的人不是他们，而是与你关系最近的共事伙伴们。

现在，你如果已经是管理团队和部门的领导者，那么希望你能想象一下自己平常是带着什么样的态度对待你的下属的。

你是不是仗着自己是领导、是老员工就一副盛气凌人的态度？总是把自己的工作往下属头上推？

如果你有过类似的情况，现在要立马改正。

如果因为这些问题而导致你的得分降低，那真是太可惜了。就算外部的人对你的评价多好，如果关系近的工作伙伴打了低分，那你一定会受到内部人的排挤和打压。

因为"评价"这个东西，比起不怎么了解你的外部人员，和你一起共事的公司内部人员的打分更有分量。

反过来说，只要内部的人能够好好支持协助你，即使遭到外部人员的误解也没关系，因为这种误解也会像一阵风一样很快消失。

总而言之，最好能既重视外部关系，又重视内部关系。

不要在意对方是什么地位，是什么身份，在工作和生活中，不管是内部还是外部都要讲究礼节礼数，保持与周遭的和谐关系。

这种意识也是步入三十岁的你必须要掌握的很重要的一点。

三十多岁,要珍惜"与超乎想象的未知相遇"

▎不陷在同龄圈子,迈入更广阔的天地

就我自己来说,回首过往,我感觉自己走进社会后才发现社会发展速度惊人,生活、工作有接连不断的刺激和享受。你呢?

上学也有上学时的欢乐。但是这种欢乐只是象牙塔中的小欢乐。走进社会,你的活动范围扩大,交友范围也会随着拓宽。

人的世界观和价值观会随着自己的居住环境变化而变化。在新环境中有了新的、更广泛的交流,人也会随着成长。

其中,最能助力成长的就是碰见"超乎想象的未知"。

体验从未体验过的事,挑战从未挑战过的难题,在这个过程中接触的人和事都会促使人成长。

"攀登人生高峰"听起来门槛比较高。其实你只需要和那些你憧憬佩服的人、有才华的人,还有各自领域的佼佼者多

交流、多沟通即可。

比如，读读他们写的书，去参加行业展会，多接触行业人才，进入他们的世界，自己也会不知不觉走上新的台阶。

这其实也是积极意义上的"美妙的错觉"。这种错觉是你攀登高峰的翅膀。这个过程中的新发现、新认识，会带着你遇见不一样的自己，看见不一样的世界。

倘若难以涉足那些精英汇聚之地，不妨偶尔入住高档酒店，也不失为良策。在高档酒店的休息室里品一杯咖啡，领略悠然的氛围，还能自然而然地习得适用于此类场合的礼仪与规矩。

初来乍到，或许会紧张不安，或许会觉得自己格格不入，但请别再对踏入这样的场合踌躇不前、顾虑重重了。若你渴望在工作中崭露头角，立志成为行业翘楚，就必须拥有纵身跃入更高层次世界的勇气与决心。

体验作为顶尖人才被众星捧月的感觉

我们要有接触顶尖世界的梦想。这样有一个好处是，当我们置身一流环境中会发觉，那些自己眼中的顶尖人才居然如此直爽、坦率与和善。

常有人说"那些顶尖人才生下来就带着非凡气质"，但是我所遇见的顶尖人才中并没有什么一生下来就被称为顶尖精英的人。人们口中的顶尖人才，要比任何人都行动迅速，要比任何人都勤奋工作，同时要比任何人都默默付出得多，无声努力得多。

他们绝不会在现有位置上躺平，而是会不断成长，不辞辛苦，一直保持在顶尖位置。

所以，即使是我们眼中的顶尖人才，也是在不断的屡败屡战后才确立了现在的地位。他们遭到过多少人的无情面孔，摔了多少个大跟头才爬上了峰顶。但是，即便遭遇困境挫折，他们还是坚信自己能跻身顶峰，坚持不懈地飞跃到顶尖世界，正因为这种锲而不舍的精神才成就了他们现在的自己。

你要清楚那些现在被称为顶尖人才的人，曾几何时他们也像现在的你一样，和别人站在同一起跑线上。

与二十多岁时相比，三十多岁的你必然有更多机会接触顶尖世界的人。只要你不挑三拣四，不瞻前顾后，就有很多机会接触到那些受人尊敬的上司、令人崇拜的前辈，还有客户公司的管理者、活跃在行业一线的专家高手们。

当你有机会和这些人交流时，一定要不卑不亢，带着"总有一天我必将加入其中"的自信心，虚心向他们请教。

我再讲一次：你在三十岁到四十岁的这十年中，必将因为"与超乎想象的未知相遇"而发生重大改变。

趁着三十多岁，要找到人生良师

选择什么样的人当导师

三十岁到四十岁的这十年是不断做选择的十年，一定会出现迷茫无措、踌躇徘徊的时候。在这个时候向我们伸出援手的就是人生导师。

导师可以是你的老师、上司、前辈和讲演人，或者你最想变成的那个人。他们是人生路上的领路人，如同人生扁舟上导航仪一般指引你的方向。

我的父亲告诉我，登山就要请教登过山的人。这里"登过山的人"就是导师。

熟知登山方法的导师可以教授人生路上丰富的见识和经验，指点我们哪条路可以通往山顶，还会透露哪里是风景如画的歇脚点，哪里是万万不能走的险路。

要走一个沿途有着绝佳风景的人生路，那不仅需要个人的努力，还需要一个能引领你走向正确方向的领路人，他能在你迷茫烦恼时给予点拨和指引。

三十岁那年，我有幸结识了对我人生影响深远的人生导师。他是给予我珍贵机会的社长，可惜现已驾鹤西去。身为同乡，他对我有着知遇之恩，是我生命里的大恩人，这份情谊我始终铭记于心。

我曾听过一场讲演，在那里，我第一次见到我的人生导师。听完讲演的第二天，因为会场离我的店铺不远，我的导师也亲自屈尊驾临了。

那时，我的导师说"如果遇到什么事，随时都能来找我玩"，他当场就接受做我的个人指导，从此以后，我的人生半径一下子拓宽了。

我最幸运的事是，能在决定九成人生的而立时期遇见对我至关重要的导师。

我刚开始接受指导时，总是被他否定。比如我提出想朝某个方向发展，他就告诫我不要涉险，最好放弃。他说："那个方向的路，不是终点有悬崖，就是途中有陷阱。"然后还会耐心地一一向我解释原因。

他的每一句话都带着摸爬滚打得来的经验证据，还有掷地有声的说服力。

当我朝着他点拨的方向前进后，才庆幸当初没有选自己的那条路，这种庆幸感的不断累积让我对导师愈加崇拜和信任。

后来，在涉足不同行业的过程中，我有幸结识了多位身怀绝技的导师。他们给予我的悉心指点与谆谆教诲，成为滋养我成长、铸就如今的我的精神养分。直至今日，其中还有不少导师依旧默默为我照亮前行的道路，让我在人生与事业的征程中，始终能沿着正确的方向稳步迈进。

选导师前要搞清楚的关键要素

很多人常常问我："导师是集中找一人呢，还是可以选很多人做导师？"

其实，我不推荐同一时期找两位或两位以上的人做导师。因为集中找一位导师的人，最后很有可能发生突飞猛进的进步与发展。

不过，这里有一点不能搞错，那就是"一个行业一位导师"。

每个人都有自己擅长的领域，导师也不例外。

最好能分领域、分行业找专业的导师。比如做经营管理找 A、讲生活方式找 B、当众讲演找 C、写书撰文找 D、学垂钓找 E、学英语找 F、学烹饪找 G，等等。同一行业里找的导师太多，只会增加纷扰的信息，最后连自己都不知道该听谁的了。

其实，如果迟迟定不下来哪位导师，到处观望的话，就像你准备学拳击，结果去跟 A 健身房的教练学刺拳，跟 B 健身房的教练学勾拳，然后跑到别的省找名教练学直拳。这么下来，没有人能搞清楚你究竟想不想学拳击，而且教练也很难做。所以，一个领域找一位导师就可以了。

诚恳地按导师的指导去尝试

找导师请教问题的不是别人，是你自己。

在你遇到困难时，恰巧旁边有一位行内高手说要给你指点迷津，碰到这种美事的概率几乎为零。

如果你已经有了自己的导师，那可以说你是一位非常幸运且前途光明的人。很多成功人士都是在三十多岁时找到了自己的人生导师。

我希望你能好好地在导师门下拜师学艺。

如果你现在还没有导师，那就要时刻竖起灵敏的"天线"，时刻亲自探知：

"这个人为什么能取得如此巨大的成果？"

"为什么那个人的周围云集了如此多的追随者？"

"这个人说话为何有如此大的魅力？"

在这个寻觅的过程中，如果突然碰到让你心生敬意的导师，那就要带着一颗坦诚的心，诚恳地接受导师的教诲和指导。

导师该有导师的风范气度，弟子也该有弟子的姿态品行。

只有遵守导师与弟子之间的规矩，彼此才能建立良好的关系。

三十岁到四十岁这个年龄段是最适合也最能坦诚接受他人建议的阶段。

怀揣一颗机敏灵动之心，方能在人生的漫漫征途之中，觅得那位灵魂的引路人。导师是人生的启明星，而唯有自身拥有一双能够明辨、甄选的慧眼，才能从导师那里汲取到开启成功大门的智慧与力量，让这指引成为照亮前路的光，助自己在人生路上稳步前行。

第三章 强化创造财富的核心能力，助力职场跃升

既然接受了他人的委托，就要尽全力交出超出他人预期的结果。无论这件事有多么容易，我们都要努力交出一份让客户觉得远超预期的成绩单。

趁着三十多岁，要创主业、做副业

顺应时代潮流，乘势开展"主业+副业"模式

有数据显示，近些年有三成新进员工会在三年内离职。在那些经过笔试、面试激烈厮杀而终于获得录用的毕业生里，三人中就有一人会跳槽。不过，这也从侧面说明了如今这个时代，人们变得越来越容易开始做自己想做的事了。

确实如此，我周围的经商人士几乎都在三十多岁时有离职跳槽的经历。没有跳槽的人也常常在考虑自己还能不能继续待在现在的公司。在信息化的时代里，我们有了更多机会了解周遭人的动向，也有了更多的选择，但也因此出现了焦虑和迷茫。

跳槽有风险，转行需谨慎。这无须多解释。

跳槽后的结果有两种，一种是事业上升，另一种是事业下滑。现在，绝大多数人在跳槽后事业出现了下滑。

跳槽次数越多，社会信用度就会相应降低，可是年龄却

越来越大。

因此，对于从事经商管理的人来说，跳槽是人生的岔路口。立于这个岔路口是需要勇气和觉悟的。

但是，在这个岔路口有一双援助之手会向他们招手。

那双手叫"副业"。

据说，目前已经有企业在推行员工副业政策，以后还会进一步推行。其实，跳槽的最大理由无非是"没有获得与劳动对等的薪酬"，也就是对公司的考核结果不满意。如果是这样的话，那我们更应该考虑考虑有没有其他可以赚钱的渠道。与此同时，公司也会施行相应举措，防范因员工晋升致使底薪成本上升的情况发生。

虽然我现在是公司的管理者，但是我也绝对赞成员工做副业。

我总是一个劲儿地向自己三家公司的员工推荐副业。所谓"技多不压身"，赚钱的渠道能多一条是一条，而且把自己的事业吊在一棵树上也不是什么良策。现在有很多工作只需要一台电脑、一部手机就可以，还有很多生意人利用周末在做副业。

即便你想改赛道，跳到一个与目前职业毫无关联的行业，那也要试试看才知道自己到底适合不适合。有时候，有些事情虽然是自己非常热爱的，可是如果它无法变现的话，就没有什么现实意义，那么将它放在一个兴趣爱好的位置就足够了。

想要跳槽，不妨先从做副业起步吧。等副业做大做强，进入正轨后，再考虑辞职创业也不迟。

主业+副业，两条腿走路

我想大声呼吁，全社会的老板都应该放手自家员工，鼓励他们做副业。

如果你担心他们做着做着就跳槽了怎么办，那不如老板们自己率先做做副业，看看会怎么样吧。

我从二十五岁开始创业。也就是说，我在二十岁的年纪就成为一个初出茅庐的经营者了。我最开始做的是摆摊卖章鱼烧，然后开小酒馆，经营餐馆，还做婚庆生意。但是，到了三十岁后，心中总会闪现一丝不安和焦虑：**我真的热爱这个工作，能让我靠这个吃饭过一辈子吗？**

答案是"不会"。

那时候，我手下的员工众多，生意又做得顺风顺水，我也不能立马撒手不管。

那时候边开店，边顺带在尝试的是写书、讲演和做研修会，也就是我现在的主业——人才培养事业。

刚开始做这些副业都是摸着石头过河，不可能各方面都走得很顺利。在周围的员工看来，这纯粹就是"社长消磨时光的业余爱好"罢了。

过了没多久，我写的书销量攀升，外出讲演的场次也逐渐增多，我开始发现这些副业可能会变成安身立命的主业，我开始真正地看清楚自己，我是真的想要在这些领域深耕，并愿意为之奉献一生。

从那时起到现在，已经走了十五年，这期间有些员工已经可以独当一面，顺利运营多家店面了，也有越来越多的老员工离开公司后开了自己的店，大胆地向前奔跑。

我也因此在三年前，将公司的地址从九州搬到了东京，并成立了新公司。现在，我以自己的经验和积累作为原始投资，在包括各类经营者的出版协助、讲演、研修会的台词指导、技能培训、咨询事务在内的等多个领域开展了自己的新事业。

在这个过程中，我以老事业为主轴开启了新事业，并逐步做大做强，然后将新事业变成主业，完成了副业到主业的转换。

我在上面也提到了，我很鼓励大家做副业，并且我这个社长做出了表率。

三十多岁是最适合创业和做副业的年龄

时代潮流迅猛发展，今后不再是一个人拥有单独一个身份属性了，而是逐渐变成一个人拥有多重身份属性的时代了。这些一人多身份的社会现状与经济发展密切相关。

我到了四十多岁才领悟到这一点。我能在三十五岁之前开启自己的副业实属万幸。

我认为，做经营管理的人开始创业和做副业的最佳时期，就是进入三十岁后的中青年时期。

说实话，虽说跟行业性质相关，但同时做两份事业绝非什么轻松享乐的事。

首先，角色转化要干脆迅速，时间和经济条件上比较宽松，而且还必须具备一定的社会经验和信用。从这些方面考虑，三十多岁的中青年期是创业和开展副业的最佳年龄段。

人到了四十岁以后，明显会感到各方面的压力和限制，无法灵活机动地应对各方事务，况且主业上责任也会随之增加。另外，四十岁之后，我们就要为子女教育和今后的养老认真考虑存钱了。尽管会有些不甘心，但确实应该趁着身强力壮，有闯劲儿的中青年期去打好赚钱的基础，这才是最重要的。

三十多岁，正是挑战各种商业模式的时候

他人的委托即是考验

经商就是不断地接受他人的委托。反过来也可以说，只有接受了他人的委托才称得上是经商。

一般来说，人到了三十岁，在工作上驾轻就熟之后，随之而来的就是他人托付的事宜逐渐增加。但是如果他人委托的事情太多，时间一长，多多少少都会产生厌烦心理。可能会忍不住想甩过去一句：

"我为什么就得做这些呢？"

"我忙着呢，你给别人吧！"

其实仔细想想，别人托付你的事并不是什么强加于人的事，很多时候正是来自别人对你的信任。因此，我认为如果别人有什么事要委托你，不妨去做做看，尽量不要挑三拣四。

"他人的委托即是考验"，他人委托的事宜越多，恰恰证明他人对你有期待，也证明你的前景值得期待。希望你能这

么理解。

话说回来,三十多岁的人如果对他人交代的事情挑肥拣瘦,其实是在浪费机会。如果总是做顺手的事,活在舒适区,太过封闭的话,很可能会无法拓宽自己的人生路。

三十岁,我们还有很多知识要学习、消化吸收,无论什么小事,都会变成自我成长的肥料。

拿出超预期的结果

有业务找上门时,我们要认识到自己即将面临的两个挑战。

其一,我们能给出什么样的结果。

他人的委托办得如何,一般有三种结果:没达到预期、达到预期、超出预期。

如果超出预期,我们会获得好的评价;达到预期,人们对我们的评价不变;而没达到预期,评价就会下降。

正如上面提到的"他人委托即是考验"。无论对方有没有表现在言辞和情绪上,都在无意识中对我们做出了评价。

其二,客户带着业务上门后的"反应"。

我们可以考虑一个问题:当你有件事想委托给某人时,你是想委托给一个丝毫不懂迎客之道,不把你当回事儿的人,还是想委托给一个热情周到，态度诚恳的人呢？

显然我们要委托给后者。

我们很愿意把事宜委托给热情周到、态度诚恳的人，而这样的人也恰恰是被周围人信赖，且备受关照的人。

既然接受了他人的委托，就要尽全力交出超出他人预期的结果。无论这件事有多么容易，我们都要努力交出一份让客户觉得远超预期的成绩单。

既然接受委托了，切勿带着厌烦、嫌弃的脸色和满腹牢骚的心态去做。

三十多岁的人也要谨记自己依然身处"考场"，一定要谦和客气，切勿蛮横自傲，目中无人。

他人的委托，皆是难得的机遇。

趁着三十多岁，要多磨炼表达和演示能力

除了"输入"，是时候该关注"输出"了

到了三十岁后，我们会越来越多地碰到需要在公开场合讲演和展示的情况，也就是到了一个考验我们表达演示力的阶段。

比如，在众人面前做自我介绍，在公司登台展示产品，在早会上发表看法，在婚宴上作为好友代表致辞，等等。尤其是当我们成了团队领导后，还会受邀讲话，作为代表为客户展示团队的企划和方案等。三十岁之后在公开场合发言的情况越发频繁。

如果你从事的是营销行业，那么在向客户推荐自己公司的商品或服务时，会不会表达、演示的好不好直接影响营销额。

不少人一听说要当众发言、做演示，就会退缩发愁，原因在于缺乏学习表达和演示能力的有效途径。学校没有相关

课程，父母也未曾教导，新入职员工的研修以及日常员工培训，也不会细致地指导我们如何提升这方面能力。那到底该怎么办呢？

很多人会选择去参加一些口才培训班或自我启发小组等，想通过这些"输入"手段找到"输出"的方法，但事与愿违，很多人最后只收获了知识，而忘记了自己的初始目的，着实可惜。

要想磨炼自己的表达和演示能力，就必须去行动、去实践，也就是必须积累公开演示的机会和经验，除此之外别无他法。

"人"这种生物，真正能记住的路只有自己的双脚走过的路，真正能掌握的事也是只有自己躬身实践过的事。学费再高，输入再多，如果没有行动，没有实践，根本吸收消化不了任何知识。

二十多岁的人主要任务是"输入"。二十多岁时，很多人刚刚进入社会，每天拼命扑在工作上，专心学习各种岗位业务知识。

三十岁以后，社会和公司开始要求我们把以前学到的东西应用到实践中。这时候，最关键的就是表达和演示能力。

如果为同样一款产品做介绍，表达和演示能力的不同，会带来客户完全不同的感受和反应。即便你极力推介产品的优势，但如果没能让客户动心，那也做不成生意。

换句话说，真正的表达和演示能力并不是单方面地强推生硬的已知信息，而是一门讲究通过巧妙地"晓之以理，动之以情"来触动客户内心的技术。

磨炼表达和演示能力的方法

作为人才培养的指导老师，很多人问我"如何提高当众表达和演示的能力？"我常常这么回答："要主动出击，积极地争取更多登台表达和演示的机会。每一次登台，都是一次练习，都是在完善自己。"

很多人一听，叫苦连天——"哎呀，我可不行""当众讲话多害臊啊"。

但是，我不是让你站在几万人的礼堂讲话，也不是让你上奥运开幕式表演。比如，你可以在知心朋友面前介绍一下自己的爱物。在某种意义上这也是一种表达和演示。如果朋友比较多，那就可以算是一场登台讲演。

生活看似平淡，实则处处暗藏提升表达与演示能力的契机。仔细想想，先生为了能多要点零花钱，琢磨着怎样跟太太开口更有效；孩子眼巴巴盼着父母买下心爱的物件，绞尽脑汁用最能打动人的方式说出请求。这些日常场景里，我们只要多花些心思，思考怎么把话说到对方心坎里，让自己的诉求得到满足，就是在不知不觉中进行一场自我主导的表达演示能力的训练。

我们要抓住一切机会去表达自己脑中的主张、想法，只有这样才能逐步提高表达和演示能力。

在日常生活中，要有意识地把各种向他人表达个人意见的场合，当作上台演示表达的机会。这才是提高表达和演示能力的捷径。

三十岁之前我们在听别人说话，三十岁之后我们就要转化角色，站在讲话人的位置。我们要有意识地去做登台者，多学习，多做准备。

除了要讲究演说内容外，讲演展示时还要注意语音语调、肢体动作，尽量提高听众的积极性，但这一切并非什么简单的事情。

看到有人当众讲演时，我们知道他一定付出了很多努力，为这场讲演做了很多准备。这种肯定他人的意识有助于培养我们的当众表达和演示能力。

我不是让你马上就登台讲演，而是希望你在日常生活中，也多做小练习，在自己的亲密好友或家人面前多多表达自己的观点和主张。在平常，有意识地把自己的兴趣爱好、近期热衷的东西、内心有所触动的东西向他人讲讲，积极主动地练习表达和演示能力。如果你有自己的社团或兴趣小组，不妨主动提出举办活动、开展主题讨论的方案，还可以参与主持人的竞选。

到了三十岁，我们要主动地多争取表达自我立场和主张的机会。这种当众表达和演示的经验毫无疑问是锻炼自我表达和演示能力的好机会。

趁着三十多岁，要多跑客户多拿单

成功的人在说话之前就开始行动了

我曾在电视上看到，有人向一位企业家提问："什么样的人才能在社会上取得很大的成就？"企业家答道："不断成长的人。比如，那些一见到好吃的柿子就会毫不犹豫开始爬树摘柿子的人。可能其他人还在想'能不能摘柿子''怎么才能爬上树'之类的问题时，那些成长型的人总是行动在前，想也不想直接开始爬。不管是否失败，不理会周遭人的眼光，毫不瞻前顾后，直接撸起袖子加油干的人，才是有前途的。"

听了这番话，我明白他是在拿摘柿子打比方，告诉我们成功人士之所以成功的秘诀在于行动。

走的顺的人必然是先行动后思考。

这类成长型的人，他们面对问题的思维方式是"什么也不想，先尝试去挑战，在做的过程中了解自己的不足之处"。这种对待问题的姿态会贯穿他们的一生。我认为这种"什么也不想,先做尝试"的思维正是行动力的源泉,是现在的人必备的思维力。

靠跑客户去赚钱真的落伍了吗

很早以前,人们常说"销售员要靠两条腿赚钱"。

很多销售员每天总是汗流浃背地往返于客户与公司,争取更多的订单。销售额上不去,就会在上司一顿"赶紧给我多跑客户多拿单"的训斥声中,重新整理好自己,再出去跑业务。

如今,这样东奔西跑的销售员在人们异样的眼光里已经销声匿迹,上网做业务俨然成立销售常态。大街上出现打着遮阳伞的销售人员,也不会有人侧目而视。

前几天我打车时看见一则常播的搞笑视频广告。

一位艺人扮演的上司朝着下属吼道:"听好了你,干销售的,就是多跑客户多拿单子。你看看我的这个比目鱼肌!"边说边展示自己青筋暴起的小腿肚子。

每当我看见这种揶揄"上司做法太过老掉牙"的广告时,总觉得不舒服。

诚然,如今的时代已经不再靠激情澎湃、热血燃烧地跑客户取胜了。但是,这种做法当真就是"老掉牙"了吗?不去跑客户，只要点点鼠标，敲敲键盘就万事大吉了吗？

我不这么认为。

反过来想想，也许只有多跑跑客户才是未来市场需要的"新营销"方式。

在如今的时代，能够做到多上门拜访客户的销售员的价值也会提升，会被当作宝贵的销售人才。

遗憾的是，大多数人总是人云亦云，别人说"老掉牙"了，那就是"老掉牙"。 他们淹没在时代的洪流中，吃亏栽跟头，最后可能走投无路，变成任人宰割的迷路羔羊了。

回溯过往历史，那些随波逐流、盲目追逐大众热点的人，往往会与真正的珍宝失之交臂。所以，早点认清这个事实比较好。

而且，当大多数人都开始宣传"未来就是XX的时代！"我们要反过来想，说不定这种逆向思维的背后才藏着大宝藏。

现在已是网购时代，想要什么，点击一下鼠标，东西就送到家门口。无论是办公用品还是生活用品，鼠标一点击，下单成功，当天就能送来。网购成了日常生活的主流，我们不用到超市，到商场，东西会自动送到我们手中。

也许，所有业务都靠跑客户拿单子的时代已经结束了。有些靠上网就能高效便捷完成的工作，我们自然也要多多利用互联网的便捷性。但是，我认为正因为在这样的时代，只有做大家都不做的事才能凸显自己的特色。不是吗？

比如，现在流行在节假日发电子邮件问候客户，但如果你亲自登门拜访客户，在客户心中，你就会从众多只是发邮件问候的人中脱颖而出。**这背后其实是一个广为人知的心理学原理：稀缺性会让事物显得更加珍贵。**当大多数人都选择便捷的邮件问候时，你特意上门探访这种相对稀缺的行为，自然会在客户眼中更具价值。

工作争取高效确实很重要，但是努力用心花时间才能建立和维系与客户的深厚信赖关系。

无论是谈恋爱还是搞业务，都要面对面交流

做销售要花精力。男女之间谈恋爱也是如此。

比如你是一位女士，一个追求者是频繁联系却迟迟不肯见你的男士，另一个追求者是联系不多，却常常过来找你的男士，你会青睐哪位呢？

我想绝大多数人会选择后者。

当然了，不同的人有不同的价值观，不能一概而论，但是总的来说，别人在你身上花时间、花精力，你自己从内心能直接感受到对方强烈的情谊。

据说现在的很多年轻人喜欢在社交媒体上表白心意。虽

然年轻人觉得这种表白方式和老早之前写情书表白没什么两样，但仔细想想，动动手指，敲敲键盘就能"一键"表白的做法真能表达出你的感情吗？

无论是以前还是现在，去见这个人，去看着这个人的眼睛，去真诚地交流才是打动这个人的最好方式。

这种方法不仅适用于谈恋爱。

我见过很多斗志昂扬地要开创新赛道的创业者和刚刚入行的新手们，口口声声称"自己以后也要开讲座、搞研讨会"，但是他们只会在线上的社交媒体上招徕客户，从不去考虑多在线下跑跑客户，推广自己的产品。

在他们找到我做创业援助咨询时，我曾建议他们可以考虑做做联谊会，在联谊会上为自己的产品做展示宣传，但是他们一听脸色就变了。

我可以理解如今大家营销的主要手段是靠互联网。但实际上，光靠社交媒体或互联网很难完全地传达出你的热情和诚意。

我们要面对面地和客户沟通。而线下活动会更高效，更容易出成果。

要表达自己的内心，首先要行动起来，亲自去找客户，面对面地沟通。这是营销的关键所在。

让客户动心看起来很难，其实不然。如果自己能率先动起来，主动与客户见面沟通，你会发现客户也会被你的热情感染，主动地向你靠拢。

只有行动起来的人才能打动别人的心。要想打动别人，只有自己先动起来。除此以外，别无他法。

同样拿上面的摘柿子打比方。有些柿子的味道不实际尝一尝谁也不知道是否可口。你费尽千辛万苦爬上树摘下的柿子，可能苦涩无比，但是只有经历了这种毫不犹豫不断挑战的过程，才能接触到各种各样摘柿子的方法，才能锻炼出分辨和品尝柿子好坏的眼力。

只有亲自实践，才能知道真相。即便结果不如预期，实践本身也绝不会辜负你。

曾经的失败是你未来的财富，也是你攀登高峰的垫脚石。

三十多岁，求"质"，更要求"量"

真正的锻炼就是多实战

大多数人在挑战新事物时，多多少少都会紧张。

因为工作关系，我常常要在数百人甚至上千人面前讲演，有人问我："你上台不紧张吗？"

前几天，培训班的学员也这么问我。我听说这位学员当众讲话会非常紧张，说话也会变得磕巴。他说自己不管做了多少准备，只要一上台，就被紧张封住了喉咙，简直像是被人施了法一样。

他看见我在成百上千的人面前面不改色地滔滔不绝，觉得非常不可思议。

我有幸从28岁开始登台讲演，到现在经过17年，我做了将近3000次大大小小的讲演了。

以前，有时候讲演的会场不是很友好，我多少也会紧张。有时候因为名气低，台下观众不怎么回应，我也会崩溃破防。

但是，我之所以能克服种种困难，然后毫不怯场地登台讲演，主要原因还是我登台讲演的次数足够多。

我累计登台讲演近 3000 次，每一次我都满怀热忱、激情澎湃地站在演讲台上。正是这样一次次的实战历练，让我逐渐积累经验，我才能从容不迫、毫不怯场。

压倒性的"量"带来绝佳的"质"

很多人会说"要质不要量"，但是我觉得提高当众讲演的能力还是要看"量"，而不是"质"。

我们往往觉得凡事要精益求精，不能图量不图质。但是，不断挑战各种当众讲演的机会，不断积累当众讲演的实战经验，要比提高什么讲话技巧和讲话流畅度重要得多。

比起二十来岁，三十多岁的人更会利用时间，能腾出更多时间去实践。

既然到了三十多岁，不妨在最想做的事情上多花时间，多去挑战，多去积累实战经验。三十多岁的人要深入挖掘自己身上的潜力。

只要是自己真心要做的事，不管实践起来多么笨拙、生疏，也不要放弃，要不断去挑战。随着实战经验的积累，我们会自然而然地不再怯于面对挑战，逐渐掌握应对各种场景的技巧能力，同时也会提高自己做事的"质"。

而且，我相信，经过不断挑战，反复试炼，我们的努力一定会被人看到，一定会有人为我们加油喝彩。别人的助威加油声也会给我们带来加倍的干劲和勇气。

这种干劲儿和勇气也将带来更多的"量"，不断积累，势必为我们带来"质"的飞跃。

趁着三十多岁，要搞清楚自我守则

▎提前做好准备工作

"筹划准备定乾坤"，尤其是在负责公司产品的展示或举办宣传活动的营销场合，这个说法一点儿也不夸张。

接下来聊聊预先的筹划准备对重大任务的成功与否，事业能否更上一层楼有着多么重要的影响。

在学校里，每个人都培养过提前做准备的习惯。就拿学校测验、上课预习、考试这些来说，只要提前制订好计划，把握事情的大致方向，研究相应对策，基本上就能取得不错的成绩。

做讲演也是一样。想要在正式场合镇定自若，不怯场、不发蒙，就要抓住大大小小的场合锻炼自己，这是一种非常有效的预先准备方式。

但是，无论预先准备做得多完美，也会出现正式上场掉链子的情况。正式场合出现突发状况或是意外事件，谁都会紧张发慌。所以为了让自己能够冷静处理这种意外场面,就需要提前做好精神上的准备。

建立自我守则

精神上的准备就是建立自我守则。

一个具有自我守则的人,非常清楚自己的行为模式,面对任何突发状况,都能沉着应对,有很强大的内在定力。

建立自我守则的作业被称为"过往日志"。方法很简单,就是回溯你的过去,了解你人生曾经发生的事情,并梳理当时的思维方式和情绪变化。

站在现在,回看以前的失败经历,可能有另一番感受。比如:

"那时候,我在正式比赛时确实惨败,但是留下了印象深刻的过程。"

"那时候,虽然遭到很多人的奚落,但是我还是挺过来了。"

也就是站在更长远的视角,去审视过去遭遇的失败。

翻看日志,回溯过往,才能逐步客观地看清楚自己的行动模式、思维偏好和特点。在反复确认的过程中,明晰自己的思维倾向,从而了解自己的优势和专长。这就是自我守则。

这时候才能真正意识到以前觉得失败的事情其实也是一种积累和学习。意识到这一点后，面对突发事件，也会油然生出"以前我也是这样挺过来的，再乱我也不会慌"这种沉着冷静的内在定力，这会让你受益无穷。

趁着三十多岁，要搞清楚自己的获胜模式

没需求就没市场

我们再深入聊聊这个自我守则。

我曾经搞砸过一场大型活动。某个活动策划公司委托我公司做活动展台，我接洽过两次就承接下来了。但是，活动举办当天，我进入会场后，扫视了周围数个展台，大吃一惊。

"我搞错地方了！"

为什么这么说呢？因为我一进展馆，就感受到我们展出的产品在目标客户群中没有溅出任何水花。

果不其然，我们的展台简直是门可罗雀，几乎没有客户光临。不过承接的工作不能半途而废。虽然知道搞错场面了，我们还是硬着头皮，把能做的产品方案都做完才离开会场。

这次失败的经历让我明白，不是在任何场合下，都能凭借自身优势，把该扮演的角色诠释到位。

就像我刚刚提到，三十多岁时，无论什么事都是经验说

了算。只有多多积累在各种场合的经验，才能知晓什么场合适合自己，什么场合不适合。

因此要分清楚自己的"获胜模式"和"失败模式"。

面对重大项目，先分析再行动

前面我提到过"他人的委托就是考验"。

虽然我说要接受考验，不要挑剔，但并不意味着明明知道这个工作会带来大损失却还要承接。这里需要添加一点条件，前提是"有值得做生意的可能性"。

前面我们提到要接受考验，主要是指公司内部的率先行动和不用花钱的小事上。

众所周知，经商营销就是让钱流动。在大额资金流动的场合，事前认真严谨地调查是常识。如果有什么大生意找上门，一定要对这个项目从各个角度做详细分析才行。

除了内容以外，还要认真把握有关目标客户、企划的交涉点等。注意从各种渠道搜罗相关的信息。然后，思考这个方案是否能发挥自己的专长，真正落实下去。

如果得出的结论是否定的，那就要毫不犹豫地回绝。

回顾过往，会发现很多时候，我们拒绝了主动找上门的大生意，如今看来，这是极为明智的选择。究其原因，从

"认真分析市场"的角度出发，能帮助我们做出更准确的判断，这一视角至关重要。

养成提前研究自身优势的好习惯

营销经商也讲究速度。面对这种"快鱼吃慢鱼"的市场，我们该怎么办呢？

答案很简单，就是提前从各个角度推动调查研究工作。

"这个市场的需求是什么？"

"哪里才是自己具备优势的领域？"

"什么情况下才是自己的获胜模式？"

不断询问自己这些问题，如果在自身优势范围内，是自己的专长，那就可以迅速回应客户。

上面提到的活动展台事件，我栽跟头的主要原因就在于提前工作没做到位。

如果对市场的分析能力很强，那就能很好地对客户的需求做出预测。实战经验越来越多，经验值逐步提高，可以建立起越来越多的获胜模式。

获胜模式越来越多，优势强项也会越来越多。面对各种问题，也不会惧怕失败，自己的内核越来越强大，内心也会越来越坚定。

趁着三十多岁，要掌握对事物的预判力

形成预判的习惯

在前几章，我们探讨了关于想象自己拥有幸福未来的"美妙的错觉"，而构建这种"美妙的错觉"，离不开预判力。

所谓预判力，就是设想各种情况的发生，看清事物的走向和前景，并对此做好准备。说简单一点就是，提前想象未来事情的发展变化，做好预防对策。

这么说可能有点高深莫测，但事实上，我们在日常生活中就会无意识地利用这种预判力。

比如说，出门前考虑到可能下雨，带上一把折叠伞。这就是实实在在来自预判力的思维方式。开车时考虑到可能有孩子突然冲到车前面，所以会把速度降下来。这是利用了预想危险场面的预判力。

换句话说，我们本来就在日常生活里无意识地利用着预判力，可以说，有预判力的人才能看清事情的发展趋势，经过综合考虑后再做出行动。

预判力是事业腾飞的关键

在经营的场合也是同样的道理。

比如说，领导在讲话时问大家："有没有什么问题？"这时候没有预判力的人是无法开口的。因为很多人都在专心听讲话，并没有想到领导会突然提问。而有预判力的人对抛过来的问题会立刻做出回答。

因为，他们在听领导讲话的同时，脑中会无意识地产生"之后如果被提问的话，我该怎么说"这样的想法，也就是在提前准备问题。只要做好万全准备，无论别人要求做什么都会立刻回应，即便是紧要关头也能充分发挥实力。

三十岁以后，我们会遇到更多考验自身应对突发事件能力的场合。

登台演说展示或与客户商谈交涉时，对方来一句出乎意料的提问，或是发生突发状况，你的应对和处理能力，会反应出你的真实能力。

要磨炼自身的预判力，就要带着"预测未来走向后行动"的思维来面对日常发生的各种事情。

在各种各样的状况或局面下，能够看清楚事物发展的下一步，并提前做好应对策略，这样的人才会被重视，变成不可忽视的存在。

以"退休期"视角看三十多岁

中青年期决定九成人生

对于大多数人来说,十八岁高中毕业,二十二岁大学毕业,平均下来大概二十岁就会步入社会。

二十岁的年轻人,往往对未来的人生方向感到迷茫,就像在社会的洪流中漂泊一样。在接下来的四五年里,他们接受前辈和上司的悉心指导,不知不觉便到了二十五岁。

二十五岁,是人生的一个重要转折点,真正的职场挑战开始了。 从这时起,在职场中的能力和表现,会受到社会和公司的检验,周围的人也会开始对你进行评价。

对于业务从业者来说,从二十五岁左右起,同批入职者和工作伙伴间的能力差距开始逐步显现,**而三十岁是职业生涯的分水岭,业绩出色和业绩平平的人,差距会变得极为显著。**

经商者四十岁后经营生涯的成败,很大程度上取决于三十岁后的职场成就与社会地位，它们是关键基石。

在四十岁以后要想扭转和改善这个地位是相当困难的，除非付出超出常人的努力。虽然不是绝对不可能，但需要付出更多的时间和精力才行。

从这一点来看，毫不夸张地说，而立之年的尾声奏响时，经商的成败与否在某种意义上已经有九成被定下来了。

向传说中的良马学习人生规划

说一个题外话，我个人很热衷赛马运动。最喜欢的那匹名为"大震撼"（Deep Impact）的马在2019年去世时，我还消沉郁闷了一段时间。

我不赌马，看赛马只是为了看它们竞速。我尤为喜欢奔跑中的赛马。

当我看到各匹马在赛道上奔驰时，不得不承认它们个性完全不同，而且都有自己的生存方法，和人类一样。赛马的赛道有四个弯道，如果把商业领域用赛马打比方的话，能说清很多东西。

首先是第一弯道，可以对应二十岁。

比如说，从起跑开始就领先的那匹马，代表二十多岁就创业成功或二十多岁就声名鹊起的经商红人。可以说他们就像赛马开始跑的最快的那匹马。

然后是第二弯道，对应三十岁。

在第二弯道能不能扎实地磨炼出实力，决定了后半场的胜负。以后的人生是前途暗淡还是一片光明，全看这一弯道的跑法。这里胜负攸关的点大致可以对应三十五岁到四十岁之间。

基本上来说，在相关领域崭露头角的人一般在这五年间拿出的具有社会价值的成果是最多的。

从社会和职场地位来看，这个年龄段的人居中层管理职位的较多。即使辞职单干，这个年龄段也正是创业的旺盛期。想要在下一个弯道一决胜负的话，就必须抓住第二弯道这个关键的立脚点。

那么，苛刻地来说的话，四十岁、五十岁以后能否把握好后半场的决胜权，要看你能不能把握住三十岁到四十岁这关键的十年了。

为四十岁后能大放异彩做准备

第三个弯道可以对应四十岁。

跑到第三个弯道时，赛马场的观众发现"有些马开始提速了"，观众席上开始紧张骚动起来。

不仅是经商的人，每个人在四十岁到四十九岁这十年间，全部实力都会受到来自方方面面的考验。

然而，那些在三十多岁依然没有扎实的业务功底，没有赢得周遭人的期待和信任的人，已经被甩在后面了。就如同赛马中，从被甩开差距的那群落后的马中脱颖而出，并从第三个弯道成功跻入赢家赛道一样，几乎寥寥无几。

然后就是第四弯道，直奔终点了。

那匹传说中的良马"大震撼"就是从最外侧的赛道冲进了这条叫作"人生花道"的直线赛道，一口气奔到了终点。从这个感觉上看，如果你在三十多岁时能意气风发，一往无前，那以后一定能够出人头地。

名驹"大震撼"退役后在全世界开始配种。现在世界各地的赛马场上，"大震撼"的子嗣们已经包揽了很多奖项。即使"大震撼"已经离开这个世界，它的子孙们依然秉持着它的梦想，活跃在全球各地。

"大震撼"真不愧是传说中的良马。

如果放在人的一生来看，五十五岁以后正是培养继承人的时期，不恰恰也是将你的梦想做得更大、更强的时期吗？

在跨进四十岁的前夕，把三十多岁的最后几天当作经商人生的前半场的终点也不错。

经商人的第一个退休年龄定在四十岁。

既然是四十岁退休，那么我们在各个时间节点上就应该清楚自己该做什么，该扮演什么角色。

当下，正处而立之年的你正在前半程第二弯道上奋勇奔驰着。想要在接下来的第三弯道、第四弯道胜出，首先要确保自己现在有个好位置，这是第二弯道上最重要的问题。

步入社会，走入职场后，我们不会再像学生时代按年级、按时间升级升学了，如果还没有意识到要做好人生规划，很容易当一天和尚撞一天钟，让时间白白溜走。

我们可以以十年为一个区间来看以后的人生，才能更有意识地将时间花在有意义、有价值的地方。

打造全新人格魅力，升华素养

第四章

影响力延伸出的话语权不仅仅体现在商业领域。友情、爱情、家人等各种人际关系的处理上，有影响力的人能得到周围人强烈的信赖和及时的协助。

趁着三十岁多，要打造自身影响力

▌机遇是人创造的

进入三十岁以后，不管好坏都会受到周遭环境和他人的影响。

除了经营管理外，谈恋爱和人际关系上也会出现很多变化，而且还有机会遇到很难在二十多岁遇见的人。如果你感觉到这种新的际遇给你带来了新的思路和思维方法，那么这就是一次好的际遇，是一种积极的影响。

但是，并不是所有的际遇都是带来积极影响的好际遇。

假如你一直待在那些总是抱怨工作、喜欢说人坏话的圈子里，自己也会受到这种思维的污染，开始怨天尤人，满嘴牢骚了。

我的意思是说，中青年期的人还没有定型，周遭环境会很容易直接影响人的思想和思维方式。

也就是说，你会在无意识中被别人的影响力控制着。

了解影响力的特征

影响力有三个特征。

第一，强影响力会流向弱影响力一方。

第二，在有力量的人的推动与支持下，你的影响力的增强肯定要比靠自己去掌握，成功率高得多。

第三，环境的力量是掌握影响力最关键的点。

从这三个特征上可以看出，好环境对自身的重要性。但是，因为目前环境不好，就立刻跳槽、搬家的做法也不现实。

如果你发现身处的环境确实对自身有消极影响，那最重要的是积极主动地去好的环境里找到能给你带来积极影响的人或物。可以是你的精神导师，也可以是别的物品，因为带来积极影响的不只是人。

住在想住的居所、去想去的地方，让自己身处一个心仪的环境中，同样也能改善自己。

如果想要得到积极的影响，那就有意识地去寻找能提点你、感染你的人，走进让你心情舒畅的环境。

未来是个人影响力决定话语权的时代

特别是在商业领域，人才培养、销售、市场营销等方面，你有影响力,才能获得话语权。

如果你是一个有影响力的人,别人会觉得"如果是你,我就会帮忙""你有什么困难尽管说一声",在任何时候都会为你伸出援手。

影响力延伸出的话语权不仅仅体现在商业领域。友情、爱情、家人等各种人际关系的处理上,有影响力的人能得到周围人强烈的信赖和及时的协助。

我们首先要想想周围到底有多少人给你带来积极的影响。这样的人越多,说明你受到的积极影响越多,你能从各个方面收获成长和发展。

等你到了四十岁以后,角色发生转变,自己从受影响的人变成了影响别人的人。你所受到的影响力也会持续影响下一代。从这个意义上看,你的影响力也在继续发展和扩大。然后,被你吸引而来的人,定会从全新角度,为你带来机遇与挑战。

以后的时代,将是个人影响力凌驾于所谓头衔职位的时代。

三十岁后，要专注于提高共情力

"共情式回应"才能获得更好的沟通效果

人是一种希望引起他者共鸣、共感的生物。

很多人试图在社交媒体上获得他人点赞的心理，其实就是希望引起他人共鸣的表现——通过他人共鸣和共感来获得自我肯定感。

可以说，现在社交媒体在各种"赞"中变成大潮流，也说明渴望得到他人共鸣的人非常多。

从这个现象的背后可以看出来，有这么多人缺乏"自我肯定感"这一幸福指标。

经营着数家餐饮店的我逐渐意识到，深刻影响店铺营业额的除了菜肴味道外，还有一个东西，**那就是员工对顾客的共情力。**

即使提供的饭菜再怎么让人赞不绝口，如果员工总是摆出一副傲慢无礼、盛气凌人的态度，那绝对不会有回头客。

"顾客真正的需求是什么？"

"那位顾客好像跟平时相比有点没精神，那我就多给他打招呼吧！"

真正左右店铺营业额的大要素不是别的，正是共情力。

我的店铺的宗旨是"任何时候都要微笑和点头"。无论面对什么样的客户，都要笑脸相迎，绝不可做否定客户的事情。

因为，人们走到一个不否认他且能感到宾至如归的地方，自我肯定感一定会上升。这么一个舒适的、特别的空间，必然会受到人们的欢迎。

正因为如此，微笑和点头是餐饮行业的必需品，完成这种使命的必备条件就是共情力。

当然了，共情力并非只是服务行业的必需品。

人们在与他人对话时，会综合多方面因素对面前的人做出判断。比起谈话内容本身，对方的表情、反应态度等信息会更直观地被捕捉，这些第一时间获取的信息，将直接左右对彼此的第一印象。

也就是说，想要给对方留下好印象，首先要微笑和点头。这一点看似简单，但这种简单动作能够始终做好做完美的基础不是别的，正是共情力。

在中青年期提高沟通能力

许多不擅长聊天交流、不适应与他人相处的人,可能会觉得就连微笑、点头这样简单的反应都难以做到。

在互联网成为主要沟通媒介的当下,不少人感慨"没有什么比面对面交谈更可怕的了",还认为"比起线下,在网络上倾诉自己的烦恼要容易得多"。对于这些近乎社恐的人而言,确实难以做到对人微笑、点头,这也实属无奈。

然而,若你渴望拥有理想且美好的人生,最好还是放下这种所谓的"社恐"情绪。

共情力是处于社会关系的人不可或缺的,也决定着人际关系的各个方面。

如果你和别人对话时,能微笑着凝视对方的眼睛,认真倾听别人的倾诉,那你绝不可能招致对方的不快。要是还能边听边及时做出反应,对方会感到越来越愉快,也会对你留下好印象。

如果你感到自己不太擅长与人沟通,那可以按照下面的步骤练习"笑脸"。站在镜子前,上扬嘴角,微笑30秒。感受一下自己的脸部肌肉有多久没动过了。

沟通交流是人际关系的桥梁。

如果你在面对面交谈时,对运用"微笑""点头""倾听"

等具体对话技巧感到不自信,那么在三十岁之后就应及时克服这种心态。

因为,四十岁以后,日积月累形成的为人处世的脾性几乎不可能扭转改变。

所以,我们应该在思维尚未僵化定型的三十多岁,有意识地去挑战和克服那些自己不擅长,没有自信的事。

这些尝试和挑战都有助于沟通能力的提升。

三十岁后，要掌握表达方式并学会倾听

向专业展销人学习表达技巧

你对自己的沟通能力有自信吗？

如果你能毫不犹豫地回答说"有"，那说明你可能已在自己的领域崭露头角，收获了成功的果实。可要是你还在犹豫，那这本书就值得你继续阅读下去。如果你正是后者，此刻能与你展开这场特别的"对话"，我也满心欢喜。

沟通能力大致可以分为"表达能力"和"倾听能力"两大块。这也是构建良好人际关系必不可少的两种能力。

首先，我们来聊聊"表达能力"。

你或许曾觉得清晰表达一件事物颇具难度。我想，很多人在当众演讲或求职面试时，都遭遇过不同程度的冷遇或挫折。

尤其是到了三十多岁，很多人夹在上司和下属之间，进退两难，非常发愁如何向下向上沟通。

培训班里的学员中有很多人不知道怎么大方自信地当众讲演，很发愁如何处理人际关系中的沟通问题。

我就拿超市中的展销人给这些学员打比方。

这里的展销人指的是那些在超市向顾客现场操作产品，并说明产品功能效果的宣传员。展销人的主要工作是在超市等场所，让顾客试吃新产品或促销限时优惠商品。

展销人是具有表达力的行家高手，在短暂的时间内，就能精准抓住顾客的注意力，将产品的优势巧妙地传递给他们。当顾客从展台前匆匆走过，展销人仅需几句精心构思的话语，就能让顾客停下脚步，好奇地靠近产品。在这个过程中，展销人凭借专业的介绍，让顾客在轻松愉悦的氛围中，心甘情愿地为产品买单。

如果只是靠大嗓门叫卖招徕顾客，肯定是行不通的。而且顾客各有特点，家庭主妇、中老年人、带孩子的家长、男士等，面对不同的顾客要有不同的表达方法。仔细想想的话，展销人的技术含量绝非一般。

如果想向客户宣传产品，想让客户买单，不能只简单介绍一遍产品。而要有意识地思考如何才能打动客户，如何才能将自己的所思所想组织成语言，并恰到好处地表达出来。没有做好这些工作，是无法让客户买单的。

要想让对产品没有丝毫兴趣的顾客停下脚步，高水平的亲和力和沟通技巧是不可或缺的。不具备这些技能就无法胜任展销人的工作。如何朝顾客搭话、喊话，才能让顾客停下脚步呢？如何进一步对话才能让停下脚步的顾客买单呢？

展销人通过精心组织的语言，精湛的沟通会话技术，刺激顾客的购物心理，真不愧是表达领域的行家高手。

倾听能力制约表达能力

说完表达能力，再来聊聊倾听能力。

在讨论表达能力时，不得不提到倾听能力，倾听能力在沟通中同样起着举足轻重的作用。

大家可以想想，在沟通时，要是不认真听对方讲话，又怎么能有效地推进交流呢？只有全神贯注地聆听，才能准确理解对方的意图，这是实现有效沟通的基础，也是开启良好互动的钥匙。

同时，不仅要安静地倾听，还要恰当地提出问题，引导对方表达出内心的想法。这一点也是重要的沟通技巧。

如果有人对你说："周末需要外出办好多事啊。"你试着立刻回应一句："准备去哪里？"

对方说"需要外出办好多事"的时候，你就要立刻明白，他还想说说因为什么要外出办事，他很可能在等着你的提问。

另外，如果对方是不怎么会开口说话的人，你提问时不妨用封闭性的问题代替开放性的问题。比如，不问"你周末去哪儿比较多？"而是询问"周末你在家比较多，还是外出比较多？"这样对方比较容易开口。

掌握倾听能力比起掌握表达能力更加简单。

也就是说，倾听能力需要你把握对方是什么类型的人，在此基础上抛出问题，不断地拓宽对话范围。

这些都是三十岁以后的人在沟通交流上需要掌握的重要能力。

掌握了沟通能力，才能把握住三十岁以后的中青年期。

这是一句毫不夸张的真言。

三十岁后，要有豁达的胸怀和肚量

热情对待新来之人

无论是谁，到了一个陌生的环境，见到一个初次见面的人，多多少少都会紧张。

与二十多岁的时期相比，人到了三十岁以后，工作业务的范围也会陡然扩大，同时，客户量也会成倍增加，新岗位、新领域等相关工作也会变多，必然有更多机会去以前从未到过的场合，碰到以前没有见过的人。

在商业领域，如果你已经熟悉商业的游戏规则，处事待人游刃有余的话，在见到新客户时，也许不会太过紧张。

但是，私下就另当别论了。

我反复提到，三十岁后，要保持学习的热情。这个阶段，我们会频繁出入学习会、研讨会、培训机构，或是参加线上沙龙，在这些新环境里汲取新知识。但初来乍到，很多人难免会在意旁人对自己这个"新人"的态度，也苦恼于不知如何融入集体。

我主办的"永松塾"培训班现在已经是一个拥有200人的大家庭。

值得感恩的是，每个月不断有前来报名入班的学员，这个大家庭的规模也会越来越大。我常常不厌其烦、苦口婆心地要求老学员遵守一个规矩，那就是要对新学员亲切一点。

我希望老学员能够像在家招待自己的朋友一样，热情周到地欢迎新学员，告诉他们：**"你来了真好啊，能见到你来我很高兴。有什么问题或不知道的事尽管开口。"**

我真切地渴望这个大家庭能真正变成一个温暖的港湾。

有些人团队意识强烈，对新成员总会不自觉地流露出一丝微妙的警惕心。团队意识本身并非坏事，反而在很多时候能凝聚力量、提升效率。但不可否认的是，在团队意识、结伴意识越强烈的团队里，新成员越容易产生一种"融入艰难"的感受。

如果新人觉得一个团队很难融入，那无论这个团队理念再怎么先进超前，本身的价值也不会有多高。一个优秀的团队领导者，必须以身作则，营造出充满关心、关爱与信任的团队氛围，构建积极向上的公司文化。

真正的强者，从不忘扶持后来之人

三流之人，目光紧盯手握重权者，一心想着如何借势。

二流之人，热衷于攀附显赫高阶者，阿谀奉承、趋炎附势。

而真正的一流之人，独具慧眼，将目光投向那些尚未崭露头角，却有着无限潜力的后来者。

很多时候，有显赫头衔职位的人周围总是人头攒动，脚跟还没站稳的人周围则是冷冷清清。

正因为如此，很多人对于那些在初次见面就热情相迎的人始终抱有好感。等他们羽翼丰满，获得成长后，会拿出以往受到的几十倍的热情去回报当初的人。每个一流人品的人都清楚这一点。

在商务领域也同样如此。

我们要善待新员工、新成员。让这种善意和热情变成一种职场惯例和文化。

如果每年都有刚刚毕业的大学生加入你的团队，那你就应该做个表率，去关心和善待每一位新成员。

当然，除了新成员以外，也不能忘记那些打工的学生、做临时工的家庭主妇等一些处于职场弱势的群体。

人，一旦受到关心关爱，就会好感倍增，就想留在恩人

的身边奉献报恩。

其实,和善待人就是所谓的"积德",这个我在以后的章节会详细说明。

这种善德一定会在某一天给你回馈。

三十岁时我们要学会善待新人。如果你能做到这一点,相信你的周围会聚集很多被你的人品吸引过来的人,赶也赶不走。

三十岁后，要多为上司周全考虑

请成功人士吃午餐

前段时间，我从一直关心我的前辈那里听说了一件事。

一位颇有闯劲儿的创业者，非常恳切地向前辈请教问题，于是前辈就挤出时间与他碰了个面，由创业者定地点和时间，他选了一家高级餐厅吃午餐。

这次午餐对这位创业者而言收获颇丰，他从前辈那里得到了宝贵的见解。为了表达对前辈百忙之中抽空指点的感激之情，他悄悄结了账。

通常情况下，请客大多是由成功人士或地位较高者买单，虽说这没有明文规定，但大家似乎都默认这是约定俗成的规矩，被请的人也往往觉得理应如此。

说到请客吃饭，可能有的人会觉得：既然和这么厉害的大人物吃饭，那一定得吃个豪华晚餐吧，哪里能吃午餐呢？

但是，其实要想请成功人士吃饭，最好是请他们吃午餐，

而不是晚餐。

这是有原因的。

晚餐肯定要比午餐丰盛昂贵。有时候还得加上酒水之类的，再者喝完第一场，还有第二场和第三场……从被请客的一方考虑，如果餐费昂贵，被请客一方的歉意也会越大，内心觉得"不该让刚刚创业的年轻人给自己买这么贵的单"，思来想去最后可能只好自己去买单了。

其实，越是成功人士，对他人的用心越敏感。

但是，如果吃午餐的话，就不用担心花销太高。

像一些高级餐厅或咖啡厅里，午餐的价格也就是 2000 到 3000 日元（合人民币 90 到 140 元），酒店的午餐也就是几千日元而已。这个价格也不怎么贵，不用担心花销太多。

因此，他把见面定在了午餐时间。

前辈欣喜地跟我说："我已经好几年没被人请过客了。什么时候得把他介绍给你看看。这人真不错。"

虽然我没见过这个人，但我相信他肯定发展得不错。前辈也一下子被他打动了。把周围的人变成自己的伙伴，借力东风的他，今后一定会扶摇直上的。

从他请客吃饭的用心上，我们可以感受到，无论对方是多么大的成功人士或大人物，也要站在对方立场上细心考虑问题的重要性。也只有这样的人，才能打动他人的心，人生之路才能走得更顺畅。

就像这位创业者，总能于细微之处突破常规、逆势而上，恰似内里藏着宝石的璞玉。时间越久，他们独特的价值就愈发凸显。从价值投资的角度看，这类人是不可多得的宝藏，一旦遇上，绝不能错失。

高位之人也是有感情的凡人

你有没有考虑过，那些鲜亮的成功人士或公司领导，平常都在考虑什么问题。

常有人将人生比作爬山，站得越高，行得越远，就越能看见绝美的风景。若用房子来打比方，就像站在超豪华超高层的公寓或顶级办公楼这样的城市至高点上一样，目之所及皆是繁华盛景。

如果从高处俯瞰美景，以前攀登的辛苦会一扫而光。所以，我们要努力向上爬，拼命向前进。

我们在生活中常常看到类似的论调，但实际上问问爬过高处的人，你就会发现，他们刚开始登上山确实比较高兴，然后渐渐习惯了这种攀爬感，刚开始那种感受也会越来越淡。而且，人越往上爬，空气越稀薄，痛苦难受的情况也会越来越多。

不少人因为周遭无人理解这种痛苦，而变得愈发孤独。

常常听人说"成功人士很孤独"，这种孤独就是登上山顶的痛苦所散发的孤独感吧。但是，从下属的角度来看，很多人无意识中会觉得，到了成功人士级别的人和自己不是在同一星球，他们根本不可能有什么烦恼忧愁吧。

其实，无论是上司还是成功人士，都是有七情六欲的凡人。

哪怕是自己，有时也会恍惚。明明到了三十多岁，应该是更沉稳持重，可不经意间，还是觉得和从前没什么两样，一点儿都没变。

同样的道理，虽然地位上升了，内心其实不会出现陡然的巨变。所谓成功者、领导者，也是有血有肉的人身上贴了几个标签罢了。他们本质上和普通人没什么区别。成功者的标签再怎么闪亮夺目，同样还是凡夫俗子，有感情、有脾气。

三十岁后有了下属和后辈以后，作为中层领导者，就必须要理解前辈和上司。

步入三十多岁，我们不能仅仅停留在了解自身，更要学会洞察上司的想法，体谅下属的心情。这一阶段，我们会面临各种复杂的场合与状况，需要时刻保持敏锐，精准捕捉他人的需求，就像开启了"关心他人型天线"。

所以，我衷心建议三十多岁的你，有意识地培养理解、关心他人的习惯，这将为你的工作和生活带来意想不到的助益。

三十岁后,要学会巧妙应对各种社交场合

不要小看传统的打交道法

很多人认为以前的交流方式已经过时了。

即便深知将遭人诟病,可我还是怀着豁出去的劲儿,完成了这一节的创作。

以前,下班后上司与下属一同饮酒畅谈,通过酒局联络感情是再平常不过的事。近些年来,这种曾经风靡一时的社交方式却近乎销声匿迹。

上司和下属一起喝酒欢聚的机会日益减少,仔细探究,主要有两方面原因。

一方面,现在越来越多的年轻人秉持着工作与生活严格分离的理念,上下班界限清晰,他们更倾向于在工作之余全身心投入自己的私人生活,不愿将工作中的人际关系过多地带入业余时间。

另一方面,当下媒体对职场话题高度关注,一旦谈及上

司与下属喝酒交流,"喝酒谈话也是种职权骚扰"的声音便甚嚣尘上。在这样的舆论环境下,上司即便有心邀约下属喝酒,也难免顾虑重重,担心稍有不慎就被误解,陷入不必要的麻烦之中。

如今二十多岁的年轻人很少喝酒,即使喝酒,也只是在家里,或是仅仅找几个知己好友喝酒聊天。

三十多岁的中层领导夹在下属和上司之间,不仅明白二十多岁的下属"一下班就想直奔家"的心情,也很理解四十多岁的上司"偶尔也想和下属喝喝酒、聊聊天"的想法。

约酒,是不是"职权骚扰",我不好说。但是,确实有一些沟通是在觥筹交错、交杯换盏时建立了起来。人与人之间的沟通交流史上,酒一直以来都扮演了不可替代的角色。

虽然说时过境迁,人与人的交流方式发生了改变,但是,从人性的角度来看,内心的渴望、沟通的形式以及期许和希冀都不会轻易发生巨变。

合理利用社交场所

从我自己的经验来看,饭局有时候在商场上确实会发挥一定的作用。

那些在工作里应对自如、能力出众的人,往往也能在饭局上长袖善舞,将各方事宜都处理得妥帖周到。这样的人一般都会受到上司的关照和青睐。

不管你是独立创业还是职场工薪族,被上司或前辈关照和另眼相看,一定会促进你的成长和发展。无论是以前还是现在,想要发展,都需要获得上司和前辈的认可,这一点恐怕将来也不会有什么改变。

也就是说,要想出人头地,要想在经营管理上有所成就,埋头苦干固然重要,但也别忽视其他社交场所。亲自参加一些社交活动,仔细倾听上司和前辈的谈话,或许其中就藏着助力你事业腾飞的宝贵人脉与机遇。

我并非劝你即便满心嫌恶,仍要勉强自己与讨厌之人共饮。倘若你愿意倾听他人想法,不妨参加一下。

就算以茶代酒也没关系,我是想让你明白:**离开工作场所,到一个能畅所欲言的地方,对职场人非常重要。**

不妨尝试奔赴一些邀约

我在上面也提到过,人随着年纪的增长,思维要比年轻时越发顽固不化,很难听进去别人的意见。

虽然而立之年正是凸显自我的时期,但这个时期恰恰也是人兼具灵活性和自主性的年纪,那就应该多听听经历过风风雨雨的前辈的经验和意见吧。听那些走在前面的人聊他们的经历，你肯定能学到一些东西。你的上司虽说不一定是成功人士，但是如果有熟识的前辈、上司邀约，不妨去参加参加他们的社交活动。

按照自己的想法与意愿去行动，是很多人追求的理想状态，仿佛这样就能万事顺遂。但别忘了，社会是个庞大复杂的系统，其间的问题千头万绪，绝不是简单的"按意愿行事"就能全部化解的。

工作和生活中，偶尔，不，具体来说应该是一年总有一两回不得不应约的时候，不管那段时间你是多么厌烦。 对方可能是想和你拉近关系才发出了邀约，应邀其实也是某种亲善之意。

如果你出席了这个社交活动，发现在这个场合下无非就是听人说牢骚话或是说他人的坏话，那这种毫无建设性意义的活动，下次不去也罢。

如果你参加了这个社交活动，一聊天你可能发现竟与对方意气相投，无话不谈，以前的误会现在解开了。这种情况并不少见。

如果你想和下属或后辈搞好关系，那不妨偶尔邀请他们去聚餐聊天，这可能也是一次了解他们内心真正想法的好机会。

不过，不用一个劲儿去讨好后辈。一个劲儿去讨好下属、后辈的人反而会遭到后辈的白眼。拉近关系也要注意分寸，至少你要有一个前辈的样子。

三十岁后，无论多忙，葬礼绝对要参加

比起锦上添花，更要做雪中送炭的人

步入三十岁后，人生阅历逐渐丰富，可能会参与各类红白事，这些场合见证着他人的人生重要节点。别小瞧这些时刻，你在这些场合上的一举一动、一言一行，都如同镜子，清晰映照出你的为人与修养。

三十岁，是走向成熟、承担更多社会责任的年纪。对于各类场合的基本礼仪与规矩应铭记于心，这不仅是对他人的尊重，更是自我素养的体现，关乎个人形象与社交口碑。

参加这些仪式时，要多重视白事上的守夜和葬礼，而不是喜事上的热闹。

一旦收到白事的消息，只要时间允许，守夜和葬礼最好能出席。倘若因不可抗力实在无法到场，也一定要送上花圈，附上饱含哀悼之情的挽联，让逝者家属感受到你的牵挂与慰问。千万不能对这类事不管不顾，倘若因为自己的疏忽和冷漠，让生者寒心，无疑是在人情往来中犯下大错。

我之所以这么强调出席白事的重要性，是因为我的一位前辈，曾因一件小事教导过当时三十出头的我。

当时，这位前辈在我老家的一家公司当总经理，他曾给过我很多机会，是我的大恩人。

有一天，他突然接到通知说以前一直关照他的一位老熟人过世了。于是，他把当天的行程全部取消，连忙坐了两个小时车到达福冈机场，然后又坐了两个半小时的飞机飞到北海道，又花了大约40分钟从北海道到达札幌，然后打车花了30分钟才到熟人家中。

中间加上候机时间，大概一共花了7个小时。

他到了殡仪馆后，已经马上要开始灵前守夜了。虽然他很想出席葬礼，但因为第二天要开商户经营大会，这是很早之前就定下的日期，所以他实在不得不出席，于是，他只能送上帛金，瞻仰了恩人的遗容后，就立刻折返回公司了。

逝者家属为此极为感动，并对他干脆利落的行动力吃惊不已。只是为送上礼金这点小事，就花了往返14个小时。

听了他的话，我忍不住问道："这么远，找人代送礼金不好吗？"

前辈听了说道："茂久，你要知道，葬礼白事要尽可能亲自去。如果是婚礼的话，可能不需要这么折腾。因为婚礼之后还能向别人道贺。但是，葬礼也只有当天才能和过世的人道别。因此，亲自去是有意义的。唉，我也是想最后再见一次恩人啊。"

说的没错，婚礼日期至少可以提前就知道，葬礼的日期不可能提前安排好。因此，能见逝者最后一面的也只有葬礼那一天了。

除了逝者家属和关系特别好的人以外，其实很多人都不怎么出席葬礼。

但是，三十岁以后，很多人坐上了管理职位，手下至少有那么一两个下属能帮自己代理好一两天的工作，因此，如果听见讣告，应该尽可能地立刻赶过去，这种不忘情谊的态度对逝者家属来说也是一种宽慰和鼓励。

我的书稿长期委托给羁绊出版社的原因

我母亲去世时，我才真正体会到那位前辈的一番真言背后深刻的意义。

时至今日，我已经写了 10 年书了。大部分书稿我都是委托羁绊出版社来出版，今后我依然想继续委托他们。

因为我要感谢羁绊出版社的樱井秀勋社长和冈村季子专务。他们两位不辞辛苦，专程赶到我母亲的守灵夜参加葬礼，当时那份感动和情谊我至今依然无法忘怀。这绝不是什么场面话或出于什么恭维之情，这是我的真心话。

虽然我的书有很多出版社出版了，但是能赶来参加葬礼的只有羁绊出版社一家。在我最痛苦、难过的时候，他们两位专门从东京赶到九州来慰问我。我和羁绊出版社的人已经建立起超越工作关系的珍贵情谊，他们是我最重要、最珍视的伙伴。

我们提到葬礼，往往会觉得葬礼和逝者告别，是隔断由来已久的缘分。其实并非如此，葬礼并不是让我们消除与逝者的关系，甚至可以说是通过葬礼建立更加深厚的情谊与关系，才是葬礼真正的意义。

同时，获得逝者亲朋好友的感谢也加强了与逝者的关系。比起来参加婚礼的人来说，人们更无法忘记前来参加凭吊的人。

说实话，我不怎么记得清楚谁来参加了我的婚礼，但是我无法忘记每一个参加我母亲的守灵、葬礼，并在我痛苦时刻前来宽慰我的人。

逝者家属和周遭的人也会铭记前来参加葬礼的你，也从心底为你的到来感到欣慰。见证人生落幕时分的重要性，也只能在葬礼当天真切感受到。

那么，当我们接到讣告，就要动身马上赶过去。

这种想他人所想的思维和行动力,是三十岁以后的你需要好好掌握的。

升级习惯，成就更好的自己

第五章

丰富自己三十岁后中青年时光的关键物品就是书籍。

当我觉得人生前途暗淡时，为我照亮人生之路，让我克服人生危机的不是别的，正是书籍。

真正有价值的兴趣爱好，应当是能为未来的自己增值赋能的存在。

趁着三十多岁，要把握好说话方式和称呼

人总是在仔细观察对方的措辞语气

三十岁以后，当你晋升到较高的职称职位时，下属会增加，来自上司客户的嘱托也越来越多。与二十多岁时相比，无论是工作上还是心情上，都多了一分自信和从容。

但是，在这个阶段万不可松懈，必须持续奋进。一旦心境变得松弛闲适，意识便容易迂缓怠惰，这种变化会直观地体现在你的措辞与态度上。

三十岁以后，如果取得了不错的成果，内心肯定会有种洋洋得意的窃喜感。油然而生的自信感以及急于把好结果拿出来炫耀的想法会一下子涌上来。

这种人逢喜事精神爽的感觉不难理解。不过，这时候如果不加收敛注意，很可能会破坏之前好不容易建立起来的人际关系。

最典型的例子就是说话方式的改变。

尤其是当你职称职务晋升后，对人的说话方式、遣词造句等，要比以前多一分谨慎才行。

作为公司经营人，以及撰稿人和培训班的代表，我接触过不同年龄段的各色各样的人。也可能出于职业缘故，我和某些人聊几句话就立刻能感觉到这个人最近意识上有些松懈了。

比方说，常常简体敬体[①]交叉使用的人。

如果是关系亲密的工作伙伴，用简体日语聊天无可厚非，但是，若与关系并不亲近之人交谈时，冷不丁冒出几句零碎且显得粗野的简体日语，就难免会让人觉得此人不礼貌、没分寸。

说话的人可能不记得这些鸡毛蒜皮的小对话，但是听的人会有点惊讶，可能会想"啊，原来他是用这种口气和我说话的"，从而产生抵触情绪。

可能你的前辈、上司会告诉你不用敬语也没关系，但是在商业场合，与前辈、上司的关系再好，使用敬语都是最保险的。

---

① 在日语中，简体常常应用于身份地位差距不大，关系比较近的人之间，而敬体一般是身份地位较低的人对身份地位较高的人使用，或是关系比较远的人之间使用。——译者注

称呼是心理距离的测量仪

除了说话的分寸外,同时还要注意称呼方式。

遣词造句是和称呼方式挂钩的。称呼是最容易了解对方是否有松懈心理的标志物。

比如说,父亲是总经理,儿子是接班人的情况。

在公司,父亲是儿子的上级领导,但是儿子还是用恃宠撒娇的口吻和父亲说话,周围的下属叫"总经理",儿子叫"老爸"。虽然下属嘴上不说什么,但是内心还是在翻白眼,也绝不会把这个儿子当成未来的接班人来看待。

因为,内心的小孩儿气很容易投射到自己的语气措辞和对他人的称呼方式中。在适当的场合要注意及时切换称呼。

其实我虽然也是经理,大家以前还是称我为"茂哥"。后来,我开了培训学校,写了几本书,头衔多了,周围的人自然而然地开始叫我"老师"了。刚开始,我也不习惯"老师"的称呼,总觉得有点别扭,后来,在和培训班的学员聊天交流的过程中,慢慢地习惯了这个称呼。

因为,作为培训学校的校长,"老师"和"上课学生"这种关系才能保持彼此之间的良好距离感。虽然我现在已经接受了"老师"的称呼,但是这竟让我花了几年的时间,这一点也恰恰证明了我的内心有多么依赖以前的舒适圈。

如果你想和对方保持恰当的距离，那就要有意识地注意一下自己的立场和与对方的关系，使用恰当的说话方式和称呼，这么做是最安全的。

就像我们出门要遵循TPO原则[①]，什么场合穿什么衣服一样，随着年龄的增长，在不同的场合自由地切换，使用恰当的措辞和称呼，满足这些条件，才意味着我们真正迈进了成熟的门槛。

---

① TPO原则，是有关服饰礼仪的基本原则之一，即着装要考虑时间（Time）、地点（Place）、场合（Occasion）。其中，T、P、O分别是时间、地点、场合这三个英文单词的首字母。它的含义是，人们在选择服装款式时，应力求自己的着装与出席的时间、地点、场合协调一致，和谐般配。——译者注

趁着三十多岁，要摆脱对虚拟世界的依赖

社交网络无法真正满足自我肯定感

社交网络已经成为这个时代的标志。

在如今这个高度数字化的时代，社交网络已深度融入人们的日常生活，各类社交平台几乎人手必备，使用率极高。据我所知，不少从事商业活动的人，都养成了一种日常习惯：在交换名片后，会习惯性地浏览对方的社交账号。

社交网络确实是非常方便的，能迅速了解对方基本信息、履历、工作状态等情况的工具。但是仅仅靠浏览对方的基本信息和留言内容又能掌握多少对方的实际情况呢？而且，社交网络本身就是虚拟世界的东西，根本不代表现实社会。

就算在大街上与仅在社交网络上交流过几句的人擦肩而过，你也可能不会注意到。即便是你在社交网络上有成百上千个"好友"，但能真正推心置腹，吐露现实烦恼的人估计一只手都能数得过来。

换句话说，社交网络上的各种关系仅仅存在于虚拟空间里，很难真正推行到现实世界。在现实世界里真正有发言权的，还是这个人所具有的社会能力。

我想现在有不少人在不知不觉间把社交网络上的"赞"看作别人对自己的肯定，想靠这个在虚拟世界找到自我存在的价值。

但是，如今这个充斥着各种各样社交网络的时代，那些常常在网上炫耀自己是生活充实的人生赢家，很可能会被人怀疑"该不会在现实世界得不到自我肯定感，就在网上装模作样吧"。

社交网络上的言行被第三者窥视

其实社交网络上不仅有写稿投稿的人，还有留言评论的人，还有在角落里窥视观察前两者交流的"第三者"。这一点不可忽略。

在社交网络上投稿发文时，评论帮顶的朋友怎么想的可能比较重要。但是我们不能忽视的是，完全不了解你的情况的"第三者"是如何看待你的文章内容的。

如果你感到"最近真是看腻社交网络了"，那你已经意识到社交网络本质上是个虚拟世界，已经感受到时代的变化了。

我身边有很多优秀能干的人总带着明确的目的去刷社交网络，比如说"仅仅上网做业务""为了树立自己的品牌"，等等，而不是为了刷存在感。

如果你感觉自己用社交网络只是为了满足自己的表现欲，也许可以重新审视一下自己的使用目的，有必要尽快跳出那个虚拟世界。

因为，你现在必须要做的不是沉迷在虚拟世界里，而是专注于现实世界，提高工作技能和增强自己的人际交往能力。

现实的人生路，只能在现实的世界里往前走。

三十岁的时光，感觉要比二十岁的那十年走得更快。三十岁是繁忙的，时光也流逝得更快，还有必须做的事，必须做的决策，都会接二连三地冒出来催着你。

正因为如此，我们一定要注意，不要在虚拟世界里花太多时间和精力。

三十岁的时光何其宝贵。

我真切地希望你能把宝贵的时间放在真正重要的，有意义且有价值的事情上。

趁着三十多岁，要养成读书的习惯

出版行业的现状

可以说，无论哪个时代的成功人士，都保持着读书的习惯。这是成功者的共通点。我想，正在阅读本书的你也是一个有阅读习惯的人。

我个人非常喜欢出版业。

虽然我也喜欢登台讲演或是在研讨会上和观众面对面地交流聊天，但是没有比出书更让人愉悦的事了。但出版业目前确实陷入明显的停滞不前状况。

雪上加霜的是，现在很多人都不读书，不怎么碰纸质书籍了，这15年间我所在的城市有四成书店已经销声匿迹了。

你居住的城市里是不是也出现过车站附近的书店突然消失的情况？

以我自身经历来讲，二十五岁之前，我在出版社从事营销工作，四十岁之后，我转型成为撰稿人。如今回首，我早已深深融入出版行业。作为在出版领域深耕多年的人，往昔公共汽车上，人人手捧书本、沉浸阅读的场景，如今已极为罕见，甚至近乎消失。这般变化，实在令人感慨。

现在大家手里拿着的全都是智能手机。看的界面也不是电子书，绝大部分都是社交网络或是综合网站之类的。这种状况让出版行业举步维艰。

如果我碰到有人正在读书，即便读的不是我写的书，我也想上去说一声"谢谢"。

仅仅是去书店逛逛都好

随着手机网购的普及和书店的减少，买书的形式也发生了很多变化。

现在，像亚马逊等网络书店发展势头正足，这可能也是出版行业不景气的原因之一吧。

很多时候我们买书不是因为特别想读某个特定的书，而是在顺道进去的书店里，突然有一本书的书名和封面吸引了我们，从而掏钱购买。但是街头的书店越来越少，这种碰见好书的机会也随之减少了。

二十年前，人们看着书店陈列的书，跟着自己的感觉选出对胃口的书买回家看。如今，人们只是看哪本书是畅销书，哪本书是热搜里的书，才会在网上下单。

书前的你，手捧着这本书，边思考边翻页，如同二十年前的读书人。而没有读书习惯的人，可能根本不会读到这本书。

虽然我这么说有点偏心，但事实确实如此。

丰富自己三十岁后中青年时光的关键物品就是书籍。

希望我们在三十多岁时尽可能地养成读书的习惯，汲取书中的知识和力量。

至少一个月进书店一次，买一本喜欢的书，保持读书的习惯。

就算不买书，站在书店书架旁看看也可以。你扫视一遍书架排列的书籍，多多少少能够推测出现在什么书热销，现在的人们热衷于追求什么。光是这一点就对你的业务有所助力。

我这么说不是因为我是写书的人，而是因为包括我自己在内，**当我觉得人生前途暗淡时，为我照亮人生之路，让我克服人生危机的不是别的，正是书籍。**

我只想说，遇见好书就能改变人生。

如果你想成功，想改变人生，那一定要养成读书的习惯。希望你能减少一些为了打发无聊而刷手机的时间，哪怕是多读一本书，也是在努力获取有价值的信息。

读书，是读者与作者一对一的人生共创

我无法断言这些话全然正确，但身为出版行业的一员，怀揣着撰稿人应有的责任与道德感，我渴望将自身所知且最具价值的信息和真相毫无保留地分享给你，我的读者。

十年前，三十五岁的我开始真正投入写作，到现在为止我出版了将近 30 本书籍。这种情况在经商领域曾经被视为异类，但是我笔耕不辍，执着于书籍出版，有很大一个原因，**那就是我坚信世界上没有比书籍更好的工具，能如此直接地触动人心，改变人生，甚至创造未来。**

在如今这个信息化时代，选项冗杂繁复，人人都发愁做选择题，媒体成了舆论和印象操控的工具，互联网中信息泛滥，人们陷入虚拟世界中分不清真相和假象。

但是，无论哪个时代，成功的人总是会向书籍寻求媒介识别能力。

因为，书籍不像其他媒体，单方面一刻不停地奔涌出大量信息，书籍也不像互联网，谁都能一键发送各种真伪难辨的信息。**书籍是信用度较高的信息源之一。**

书中必有"识"。

书名轻松地把写书人的心思表达给那些想要看书的人。书籍是连接作者和读者之间的桥梁，没有双方的信赖感，这

座桥是无法启用的。

因此,要表达的内容绝不可掺杂虚伪的谎言和无意义的慰藉。

我带着自我信念,将真正想表达的东西装进书中。虽然我不知道这份信念能不能引发你的共鸣,我依然希望我们能坦然地面对面,共同创造美好而充实的人生。

趁着三十多岁，要掌握获取真实信息的能力

大部分信息会变成免费信息

随着互联网的普及，如今已经进入了一个任何信息都能轻易到手的时代。人们逐渐形成了"信息是可以免费获得"的认识。这种"免费信息"的潮流是无法抵挡的时代洪流。

从另一个角度来看，如今这个信息如潮水的世界里，信息的价值一降再降，越来越廉价。这一点不言而喻。信息价值一降再降的结局就是趋向免费。

二十年前，二十岁出头的我在做出版社的营销工作。"黑船①"来袭让当时的出版行业哗然一片，这一情景依然历历在目。这里的"黑船"是指互联网和免费报纸。说白了，就是信息以看得见的形式变成免费的了。

这种变化之巨大，简直就像曾经人们脚下的木屐被换成

---

① 黑船，原指幕府末期出现在日本的欧美帆船，因船体涂以黑色而得名。1853 年，美国海军将领马休·卡尔布莱斯·佩里所率舰队，迫使日本开放国门。现指代外来的、颠覆传统常识的事物。——译者注

了现在的鞋一样。

不过，卖木屐的店换个名字可以继续卖鞋。那些本就靠收费赚钱的信息突然免费了，还怎么做生意呢？

还有，信息的免费化也反映在以下一些地方。打开YouTube①，就能看到很多讲演前辈们，还有我常常购买音频产品和学习他们课程的老师们，都在免费分享他们的信息。

现如今，信息商战早已成为买方市场。

俨然一副"买方天堂，卖方地狱"的景象。

信息如潮，真实信息更显珍贵

面对这番景象，说几句"物是人非"的牢骚也很简单，但是时代的浪潮绝不是人力可以简单阻挡得了的。

不过，我们也不必灰心丧气。因为凡事都有两面性，有阴就有阳，有暗就有明。未来，时代也必将走上信息免费化的路。从图书出版的角度来看，可能会觉得未来毫无着落，前途暗淡无光，其实并非如此。

我希望你可以停下来仔细思考思考，黄金为什么很贵？

答案很简单，因为数量少。东西越是稀有，价值和价格就会越高。

---

① YouTube，视频网站，用户可下载、观看及分享视频或短片。——译者注

一个信息之所以有着惊人的价值，那是因为这类信息数量少，还有能获取信息的信息源有限。

廉价信息、虚伪信息充斥泛滥的另一面，预示着本真的信息价值在不断攀升。

在如此规模的信息量中，只有那些真正给人们带来好处的信息才会有高价值。

信息化社会并不意味着任何东西都是廉价的。在满眼都是出处不详、毫无根据的垃圾信息里，那些有确切信息来源的信息犹如沙滩上的黄金一样，闪着耀眼的光芒。沙滩上的沙石越是粗糙、暗淡，就越凸显出黄金的光泽，昭示着黄金的珍贵。

只要我们具有分辨信息真伪的能力，就不会被时代的洪流吞没，甚至可以乘风扬帆，破浪前进。

新事物的诞生就意味着旧事物的淘汰和没落，这是时代的规律。时代的这个铁律从古至今都一直存在着。因此，真正重要的是你自己如何掌握捕捉真实信息的能力。

三十岁后，做事要有计划性，不能得过且过

制订三十岁后的时间表

时间，是任何人都平等拥有的资源。

这个资源怎么利用是个人的自由。

三十岁后的中青年期就是不断做选择的年龄段，在工作上、婚姻上、身体上，以及未来各项事务上。

如果你已经意识到三十岁的时光会稍纵即逝，你就会看清楚现在应该做什么选择了。因此，珍惜时间、好好利用时间，才是决定以后人生之路的关键。

我们应该聚焦在"该如何利用自己的人生时间"这一问题上，然后考虑时间如何划分，而不是漫不经心地应付一下"怎么花时间"的问题。只有以郑重的态度对待人生时间的分配，才能真正凸显"时间"的珍贵价值。

我们最好能尝试着制订出三十岁到三十九岁之间的时间表，而不是在脑中胡思乱想。

可能会出现不按时间表走的情况，但是建立这个时间表也是一个让自己有意识地"过好自己人生"的契机。

另外，三十岁以后可能会隐约感觉到自己的体力开始下降，不如二十岁时精力充沛。当然了，四十岁以后这个感觉会更加强烈。因此，比起二十多岁的人来说，三十岁以后明显有更多人把节假日专门用来"休养生息"。

在节假日，可以搞搞自己的兴趣爱好，做做体育运动，整整自己的研究，等等，将这个自由时间有效利用起来，形成一种习惯。

别让与工作相关的爱好占用休息日

三十岁后的兴趣爱好，最理想的就是尽可能在短时间内有助于提升技能的爱好。

说句可能会得罪人的话，我不太建议三十岁之后就马上投身高尔夫球。我知道高尔夫球常被用作商务社交，是彰显身份、地位的高雅爱好。但打一场高尔夫球，半天时间就没了，而且打球时还得时刻关注着公司上司、前辈、客户的情绪和面子，不能过于张扬，方方面面都得拿捏得当，实在不轻松。

如果打完高尔夫球还要吃饭的话，那真是一整天都不得安生了。

诚然，就算咬牙坚持，在节假日投身高尔夫球这样的活动也并非不可行。但很多人平日里在上班间隙就忙着进行高尔夫球的挥杆练习，并且高尔夫球前期的投入也不小。

许多人想学高尔夫球只是出于应酬需要，或者想借此拓展人脉、增长见识。如果你的出发点也是如此，那我劝你慎重考虑，最好还是不要学。

三十岁是繁忙的。

如果进入婚姻生活后，连自己一个人的自由时光都很难挤出来。因此我们更应该找一个对自己有实际意义的兴趣爱好。

真正有价值的兴趣爱好，应当是能为未来的自己增值赋能的存在。

花时间的兴趣爱好，等万事妥帖后再做也不迟。

我们要播种那朵可以盛开自我花朵的种子。希望我们都能有这样的兴趣爱好去挑战新世界。

三十多岁，要树立正确的金钱观

借钱之人的三个特征

三十岁以后，你会发现身边多了很多让自己感到不自在的问题。

其中一个大问题就是"钱"。

在现实生活里，同年龄段的人群中，收入水平的分化愈发显著。那些收入较低的人，为了缩小与高收入者的差距，往往对金钱抱有更强烈的渴望。也有研究证明，借钱最多的一般是三十多岁的人。

这也不难理解。三十岁以后，在公司晋升到了管理层，聚餐等活动增加，为晚辈和下属买单的场合也多了。而且，仪容仪表讲究起来开销也会增加，再加上红白喜事上随礼的情况也会多起来。

如果收入无法覆盖这些必要的开支，那就只能向别人借钱了。

通常，喜欢借钱的人有三大特征：爱慕虚荣、热衷攀比和有拖延症。

比如说，爱慕虚荣的人总是想向他人炫耀自己的身份和地位，喜欢搞场面、摆阔气，心里想着"以后反正会还"，动不动就会向他人伸手借钱。

不可否认，赚钱很重要，为了满足自身需求去努力挣钱也很重要。人到三十岁，该对自己大方一点，各种地方该花的还是要花的。

不过，金钱是把双刃剑，能在关键时刻发挥作用，成为治愈生活困境的良药；但要是使用不当，也会让人陷入无尽的痛苦与困境中，沦为毁掉生活的毒药。

所以，要谨慎对待金钱，取之有道。

思考金钱的意义

如果你对金钱有强烈的渴望，我建议你可以转化思维，思考一下自己如此渴望金钱的理由。你能明确地说出来这些理由吗？

我在做培训时也常常问学员"为什么渴望金钱？"很多人回答"想多去海外旅行""想开个好车"，等等。

我接着说："你为什么想多去海外旅行？去旅行不是你的

真正目的吧？我想吸引你的不只是海外旅行本身，而是旅行时的心境。与其单纯想着去海外游玩，不如静下心来，好好琢磨一下那些在旅途中让你感觉被触动的情绪。"

换句话说，虽然金钱是过上丰裕生活的必要条件，但人们真正想要的不是金钱本身，而是丰裕自由的生活。

当然，想要丰裕的生活是人性使然。

我们不妨将"我渴望金钱"的念头放下，而是有意识地把聚焦点放在"获得金钱之后的目的"上。

如此一来，也许你会注意到自己很久之前想要的丰裕生活，在他人眼中看来，已经是你的掌中之物了。而且，对于赚钱这件事你可能会萌生新的看法，比如：

"去海外旅行就真的是过上了丰富的生活吗？"

"开上好车，自己就真的幸福吗？"

在这些新视角的基础上，再次认真思考自己真正是为了什么才渴望金钱的。

趁着三十多岁，要有做好形象管理的意识

管理自己的形象

一个人哪怕工作能力再强，沟通技巧再出色，一旦着装邋遢、仪表不整，也难免遭到负面评价。

在女性占比较高的职场团队里，这一点尤为突出。女性往往更注重细节，对他人的第一印象也较容易受情绪左右，所以在仪容仪表的细节上，更是容不得半点马虎，需要时刻留意。

女性在各行各业都撑起了半边天，每个职场都有优秀出色的女性领导、前辈和后辈。因此我们更应该关注自己的仪容仪表。

这一点也同样适用于女性。

人到三十，正是投资自身魅力的黄金时期。步入这个阶段，经济条件通常更为宽裕，不妨多走进美容院，尝试美容、美体和美甲等项目，用心维护外在形象。

如今，男性美容逐渐兴起，这也侧面反映出商务人士的仪容仪表对生意有着不可忽视的影响，我们应充分利用这一点。

此外，身上的物件也大有讲究。像钱包、手表、鞋子这类容易被他人看到并评判的物品，最好具备较高的品味和质量。

别再继续使用从二十岁起就一直用的那些物件了，让随身物品的品质和格调与三十岁的身份相匹配，更上一层楼。

我并不是让你从头到尾包装名牌，而是建议你最好能有一两件你觉得三十岁用起来可能会给人留下好印象的物件。

要是你不知道该选什么，不妨带着点不服输的劲头，下定决心买一件心仪的物品试试。人们常常会以貌取人，这固然是一方面原因。但更关键的是，当你拥有一件极具品味的物件时，整个人也会随之变得斗志昂扬。从这个角度看，这笔开销便是一项必要投资，你大可自信地将其收入囊中。

常言讲，"外表是内心的第一层皮"。我们得重视自己这个"容器"的外在包装。

当你把自己收拾得光彩照人，自我认同感也会水涨船高，这不仅能帮你褪去二十多岁时的青涩稚嫩，还能助力你挖掘自身潜藏的成熟特质，让自己愈发耀眼。

抓住关键十年，掌握人生走向

第六章

三十岁后的十年决定了人生九成的未来，是因为在这个年龄段，我们会迎来密集的人际交集，无论是与故交重逢，还是结识新友，每一次相遇都蕴藏着成长的可能，这样高频次的遇见，为我们提供了大量宝贵的成长机遇。

三十岁后，别贪图安逸，寻求捷径

成功没有捷径

我相信翻开这本书的你，并非一心想着赚快钱，或是幻想着轻轻松松就能一夜暴富。哪怕脑海中偶尔闪过这类念头，面对那些宣扬赚快钱的广告和诱惑，你也会保持警惕。

毕竟，你不会轻易去接触那些所谓传授赚快钱门道的书籍。你清楚自己想要的生活，还掌握了实用的赚钱和存钱技巧。

这就意味着，你已经在自我成长的道路上迈出了关键一步。我由衷地坚信，以你的状态，三十岁后的人生一定会无比精彩。

正因为如此，作为写书人的我必须说真话，写真相，而不是胡说八道。可能真话不怎么好听，但我还是要说，这是一个写书人的责任和立场。

我想说的第一个真相就是"人生没有捷径"。

很多人在人生路上试图简单直接地取得成绩，达成愿望，但是这种成绩、愿望绝不会轻松简单地就能实现。

就像竞技体育一样，在商业领域，你不可能简简单单就变成内行高手，也不能不付出牺牲就变成精英领袖。就算有这种一蹴而就的手段，也早已被标准化了。

即使天上掉馅饼，你真的简单轻松地取得了成果，那这个所谓的成果，也极不稳定，毫无持续性。越是轻易就获得的果实，就越容易丢失，越容易腐烂。

看似捷径，实则是最耗时的弯路

渴望快速、轻松地获取成功，是人之常情。即便成功只是徒有其表，也能满足自己的虚荣心，就像有人不停地挥舞手中的刀剑向他人炫耀，却不知那只是一把假冒伪劣的仿制品。

也许经过打磨刀刃、装饰刀柄，这把假刀剑能在外观上以假乱真。可一旦走上战场，其真实的劣质本质便会暴露无遗。令人诧异的是，当下仍有许多人在拼命打磨自己手中那把"假刀剑"。

倘若你真心希望做出新成果、取得真成绩，那就务必尽快、彻底地将"简单直接获得成功"这种不切实际的想法从脑海中剔除。

想要收获实实在在的成果与成绩,就必须踏踏实实地磨炼基础能力,而不是把精力浪费在打造徒有其表的"山寨刀剑"上。

如果将八十岁的人生浓缩成一天,那三十多岁正是早上九点钟。九点钟,你已经从美梦中醒来,刚刚吃完早饭,神清气爽,元气满满,正是建立一天目标的最佳时间。

所以,不要焦虑,无须着急,还有大把时间等着你。

三十岁后,要积累功德

多伸手助人会扩宽你的未来

"全力以赴"是我的导师送给我的一句话,直至现在我都将其视为做人的宗旨。

在行动之前,先思考自己能为遇到的人竭尽全力做些什么。

从踏入校园的那一刻起,历经小学、中学、大学,再到步入社会,努力打拼,这三十余载的漫漫人生路上,形形色色的人在你的生命中进进出出。那些或短暂停留,或长久相伴的身影,共同编织起你人生的人际脉络,其中不乏令人难忘的美好邂逅。

然而,人生并非总是一帆风顺,并非每个出现在你生命中的人都能与你心意相通。总有那么一两个人,或是与你性格相悖,冲突不断,仿佛命中注定的宿敌;或是其行事作风让你心生抵触,只想远远避开,不愿再有交集。

但换个角度看，正是这些不太愉快的相遇，让你更加珍视身边的亲朋好友。他们的理解、支持与陪伴，在对比之下显得愈发难能可贵。

人，没有遇见，就不会成长。

我之所以敢断言三十岁后的十年决定了人生九成的未来，是因为在这个年龄段，我们会迎来密集的人际交集，无论是与故交重逢，还是结识新友，每一次相遇都蕴藏着成长的可能，这样高频次的遇见，为我们提供了大量宝贵的成长机遇。

值得一提的是，即便有幸遇到生命中的贵人，也要时刻谨记，在交往中保持平等的关系至关重要。

在"不是我帮你，就是你帮我"的平等互助的关系上，如果"我助人"比"人助我"更多的话，你会获得更多自信和自由的感觉。

因为，如果"人助我"较多，这对他人是一种长时间的不公平，你也会逐渐失去周围人的信赖。"我助人"较多的人，在他人的眼中就变成一个人品好，值得信赖的人。

更重要的是，"助人"较多的人之所以能带着轻盈的步伐踏上顺畅的人生之路，是因为每个人的心里都有一杆秤，都会将心比心。

向"功德银行"存入善举

以前,附近寺庙里的僧人曾说过一番话:当一个人让他人产生愉悦幸福感时,他的"功德银行"里就会增加看不见的"存款"。

这里的存款单位叫作"功德"。

每为他人做一件好事,就如同在"功德银行"里存入1份功德。而要是能在他人毫不知情的状况下,默默为其做成一件好事,这就相当于存入了10份"助人之德"的功德。

持续不断地去做那些不留姓名的好事,积攒的功德也会越来越多。简单来讲,你在生活中奉献的善意与帮助越多,你的功德账户余额就会越丰厚。

以前我听僧人说这番话,也是权当虚构故事听听罢了。但是活了四十多年,在工作上碰到过很多人,听到很多人的真实故事,如今开始意识到那位僧人的话着实有几分道理。甚至可以说我现在对这番话开始信奉起来了。

积德,不仅在周遭的人际关系中。在他人看不到的地方收拾道路上的垃圾,在电车上为陌生人让座等,也都是在增加你的功德。

这个功德达到一定的额度后,肯定会以一种你想象不到的方式回馈给你。更重要的是,你可以无愧于自己的良心,可以没有任何包袱的轻盈地走下去。这也是"意外之财"。

三十岁到三十九岁这十年间要如何积功德?

三十多岁时是否有积功德的意识,直接决定了四十岁后功德"存款"余额的差距。

我们要尽可能地,不惜余力地帮助他人,积累功德。

就算初衷是为自己着想也没关系。不需要一开始就用力"为他人着想"。先从能力范围内的小帮小助开始就行。

这种助人积德的意识,还有逐步增强这种助人积德的动机,才能指引你获得更美好的人生。

当时我未曾料到,僧人的这一番箴言,竟会跨越悠悠岁月,以书籍为舟,摆渡到翻开书页的你面前。我由衷地期待,在未来的某个美好时刻,你也能成为这份智慧的传递者,将这番饱含深意的话语,讲给另一位渴望聆听的灵魂。如此奇妙的思想传承,如同点点星光,在人与人之间接力闪耀,照亮更多的心灵。我满心欢喜地憧憬着那一天的来临。

三十岁后，积极前行的理由

你珍视的人在幸福地微笑

　　只要生命里存在哪怕一个能让你由衷说出"我愿意为他努力"的人，无论何时，你都会拥有奋勇向前的动力。

　　提及这样的人，很多人脑海中首先浮现的是家人的面容。

　　家人确实是我们每个人最珍视的存在，正因如此，这次，我们不妨把家人先放在一边，将目光投向家人以外的人际圈子。

　　想想看，在关照过你的上司、前辈，或是朋友当中，是否有可以让你赴汤蹈火的珍视之人呢？

　　如果是为了这个人着想，再怎么辛苦也不在乎。

　　你的心中到底有几个能让你如此用心为之付出的人呢？

　　除了家人这种私生活的"场"以外，如果在社会关系这种外部"场"上，也存在一个人，能让你愿意为他的笑容而努力付出的人，那么这个人便是你步入社会后，构建并确立自身形象的有力证明。这种奉献精神会化作一种坚定不移的信念，无论何时，都能让你充满勇气，勇往直前。

你有权选择自己的人生之路

三十多岁的人中，有的是单身贵族，有的已经结婚生子。有的人已经身居高位，有的人还在辗转跳槽。

但是，无论你的境遇如何，无论你身居何处，生存下去最重要的就是往前走，不回头。

人，只能向前看，才能一路向前进，身后没有通往未来的路。

在你前进的人生路上，会遇见形形色色的人，他们或短暂同行，或长久相伴，为我们的人生增添了无数色彩。

然而，人生并非一条笔直的坦途，而是布满了无数岔路口。当前行的方向面临抉择时，曾经并肩作战的伙伴，可能在此与我们挥手作别，各自踏上不同的征程。即便心中满是不舍与眷恋，我们仍需面带笑容坚定地走下去。因为，人生本就是由一个个接连不断的岔路口编织而成。

三十岁无疑是我们遇到的第一个意义非凡的巨大岔路口。**如果你迷茫地不知道走哪条路，那就好好地看看走在你前方的人吧。**

如果对你来说很重要的人就在前方的路上，那就可以毫不犹豫地选择这条路。

人生之路，选择权只在自己手中。从另一个角度看，这意味着你完全有能力决定自己的人生走向。也就是说，你的自由远超自己的想象。握紧自由这把利刃，向着心之所向的方向勇往直前吧。

做出选择，并不需要高深莫测的知识，也不依赖令人惊叹的履历。只要你内心渴望前行，那么无论何时、身处何地，都能毫无羁绊地自由迈步向前。

为了珍视之人的笑容，同时也为了陪在珍视之人身边的你的笑容。

三十岁后,有限精力为珍视之人付出

带着"FOR YOU 精神[①]"待人处世

常言道"当局者迷,旁观者清",很多时候,我们往往深陷自身的思维与经历之中,难以清晰、客观地认识自己。

正因如此,不少人即便步入三十岁,内心仍觉得自己和过去并无二致,依旧保留着曾经的心态与认知。

然而,尽管我们自身可能毫无察觉,但必须清醒地意识到,周围的人早已按照"三十多岁的成熟大人"的标准来审视和要求我们。

三十岁以后,你可能有希望晋升到管理层,但工作上的盲目乐观和失败是绝不容许的。公司将你视作"独立选手",迫切期待你能交出亮眼且实打实的工作成果。在这种高压之下,许多人每天都在崩溃的边缘挣扎,这已然成为三十多岁人群常见的烦恼。

[①] FOR YOU 精神,为了你,为了你们,为他人着想的利他精神。——译者注

当下，人们强调工作与生活的平衡。但是正值身强力壮的劳动旺盛期，想要在工作和生活之间找到完美的平衡点，谈何容易。

工作上的任务堆积如山，要求不断提高；生活中，又要面对结婚、生育、买房等一系列人生大事。这些事情交织在一起，让不少人每天都忙得焦头烂额，被生活追着跑，根本无暇喘息。

这种时候，你就要看看自己的烦恼究竟是为了自己，还是为了身边的某个人。

当一个人为了他人而付诸行动时，就会激发出前所未有的力量。很多时候，我们为了自己会半途而废，但为了珍视之人，就会不可思议地完成目标。

因此，希望你也有那种愿意为之奋斗和付出的人。有这么一位让你不计较得失，愿意无条件伸出援手的人，你的世界也会发生改变。

即使现在这样的人还未出现，那就努力去遇见这样的人。为了自己，为了那个人。不管你是几岁，只要想起珍视的人，把握好自己的位置，清楚自己的目的，专注当下，一定会顺利地走下去。

在你前行的道路上，必然会遇到一些试图阻碍你的人。他们之所以有这般行径，很大程度上是因为对你的改变与成长心生愤怒和嫉妒。

我希望你能继续迈着自信的步伐往前走,因为这些人只不过是你前进的证明。

你也要清楚自己手中有什么"利刃",这是你闯荡的底气。

明确什么是必需品,什么是非必需品,才能拨云见日,看清自己的目标和理想,前方的路才能在自己的脚下显现出来。

三十多岁还很年轻,但是死亡也会来临。

因此,我们要有时间意识。毕竟你人生的中青年期,只有十年时光。

三十岁后的十年,是赢得他人好感的关键时期

"先让自己幸福"的理念真的会让自己幸福吗

从小,母亲一有机会就开始教育我:"要成为一个受人欢迎的人。"

十几年过去了,如今无论是在人际关系方面,还是在公司经营方面,这句简简单单的话,能够说明建立更加丰盈的心灵所必备的条件。所谓言简意赅、微言大义,也不过如此。我不禁再次对母亲的教诲感慨万千。

年轻时对这句话多少有些反感,但是在不知不觉间,这句话已经在我的内心生根发芽了,已变成了我"FOR YOU 精神"的源泉。

但是,现在有不少人正在将"FOR ME 精神[①]"正当化,合理化。

---

① FOR ME 精神,为了我,为了自己,首先考虑自己利益得失的利我精神。——译者注

比如，有人认为"如果连自己都不幸福，怎么能给他人带来幸福"，坚信这句话的人也总是拿"香槟塔效应"打比方，"只有自己的幸福满杯了，溢出来的香槟酒才能流到下层的酒杯，才能给周围人带来幸福"。

从某种意义上或者反过来说，这确实是一种真理。

但是，这个所谓的"香槟塔效应"在逻辑上有一点被忽视了。

那就是，最上层的那个象征着自己的酒杯被注入的香槟不是源于自己，而是源于周围的某个人。

位于顶端的酒杯中，如果有源源不断的香槟涌出并流下去，那确实能解决问题，但实际上是不可能的。

话说回来，人就是无法让自己得到幸福才陷入愁闷苦恼的。轻飘飘的一句"要先让自己幸福"，这种思维风潮才是最危险的。

人心的爱与善良还没有脆弱到"自己不幸福，就无法给他人带来幸福"的地步。

仔细想想，如果人人都盲目推崇"万事 FOR ME"，那世间便不会有哪怕牺牲自己性命，也要拼尽全力生下孩子的伟大母亲；也不会存在那些一心助人为乐，毫无条件地向他人伸出援手的善良之人。

"FOR YOU 精神"追根溯源，本质上就是人性之爱。这份爱，深深扎根在人心的最深处，如同永不干涸的灵魂之泉，源源不断地滋养着世间万物。

写到这里，我有些压抑不住心中的热潮，我敢断定，这世上一定有为他人带来幸福，自己最终也收获幸福的人。

甚至可以说，这样的人才真正体现出人性之美，人心大善。

拥抱幸福，"FOR YOU 精神"乃关键方法

比如说，你给一个凡事都首先考虑自己幸福的人一片面包，那么你和他之间就会发生争抢。

双方会出现抢夺面包的小战争。发生战争是不可避免的，因为凡事都得先让自己幸福才行。

如果我们能理智地想想，就知道每个人从心底都真切地希望大家都能获得幸福。从本能上能感知到所谓"独自一个人的幸福"并不是真正的幸福。

那么，我们为什么不首先为他人做一些力所能及的事呢？

如果你做事之前处处为他人着想。根据"物以类聚，人以群分"的规律，你的周围就会逐渐聚集着同样想为他人带来幸福的伙伴。

有志同道合的伙伴们聚集在自己身边，其实最终也会给自己带来真正的、持久的幸福。

在电车上给陌生人让座后，得到了对方的感谢，那一刻你的心是充实的。那种感觉要比你得到别人的让座后还要踏实，还要充盈。

也就是说，给他人带来幸福，也会让自己感到幸福。正因如此，我们要成为给他人带来欢乐的人。

三十岁后是尤为讲究人缘人脉的阶段。

商业经营是如此，人际关系是如此，婚宴和子女养育也是如此。

一切都源自人与人之间的联系与牵绊。这种联系与牵绊也左右着彼此的人生。

那么，为所有人带来幸福的"FOR YOU 精神"正是我们所需要的。

当你为周围的人一个一个点燃 FOR YOU 的烛火时，身处中心的你，也会被这份光明紧紧包裹。

所以说，"FOR YOU 精神"是开启美好人生的钥匙，是拥抱灿烂未来的关键。

进入三十岁的你，是未来的接班人

和一些人相遇，与一些人相伴前行

一言以蔽之，三十岁的中青年期就是"邂逅"的时期。

你在三十岁碰见的人、前行路上的伙伴，决定的不仅仅是这十年，而是未来九成的人生之路，包括经营管理、恋爱在内的不同的境遇，前方的相遇都是命运馈赠的礼物。愿你紧紧握住这些机缘，每一步都沉稳有力，踏出属于自己的精彩轨迹。

我们要浓墨重彩地描绘好理想的三十岁。而且，我们还要有一双透彻的眼睛，能辨识出哪些人会帮助自己接近理想，哪些人不会。

人生有相遇就有离别。

我还记得一首失恋歌曲中唱过：走在三十岁路上的你，不要害怕分手，那是为了向前走的告别。

与一个人相遇，也会与另一个人告别。

但是，这种告别是成长路上必经的告别。

希望你身边只有那些真正重要的人，你能握紧他们的手，在三十岁的路上全力奔跑。

等你接近三十多岁的尾声时，蓦然回首，你会发现你所在之处与以前的世界是完全不同的。其实，那个地方本来就属于你，是你的理想之所。而这个理想之所的位置就要靠现在三十岁的你去努力寻找了。

通过养狗让我意识到的重要的事

我想讲讲我的故事，里面有些东西希望书前的你能看到。

前段时间我开始养狗了，是茶杯贵宾犬。

同一品种的狗我养了四只，分别叫"阿虎""樱樱""小雏""桃子"，但我不是一下子养了四只。先养了一只后，接着又养了第二只、第三只、第四只。看着它们憨态可掬的模样，让我忍不住如对待亲生孩子一般宠爱它们。

这四只狗狗其实和人一样，各有各的脾气和个性。

最开始养的大儿子"阿虎"，性格比较悠然、沉稳，颇有"长子"气质，做什么事都比较慎重。

之后到家里的就是长女"樱樱"。她实在是淘气得很，我给她起了个外号，叫"优先大小姐"，二女儿"小雏"很会看人眼色行事，宁静沉着、和善有爱，有一种母性光芒。体型更为小巧的三女儿"桃子"是家里最小的，也是最爱撒娇的。

四个"毛孩子"，各有各的特点。

和"四小只"其乐融融地相处半年多，我突然发现了一个很重要的问题。

这些狗狗表现出来的特点与其说是娘胎自带的性格，倒不如说是它们在现在的环境中把握自己的位置而确立的性格。这种后天养成性格的情况，与人的性格形成好像是一个道理。

动物在与同类或其他物种的互动中，逐步形成了力量对比体系。

这种力量对比，不仅受其与生俱来的性格特点影响，更多的是由它们在各种关系的竞争博弈中所处的立场来决定。

人也一样。人生道路上，与什么样的人同行，就会塑造出什么样的性格。

在与他人的关系中不断地和解、妥协，逐步建立个人特点的适应能力。这种适应能力正是我们走下去的必要能力。

正因如此，为了能将这种"人际关系力学"往好的方向发展，我希望你能邂逅优秀、善良的人。我想，翻开这本书的你，一定知晓如何邂逅美好的人。

致敬三十多岁充满希望的你

　　我曾想过为十几岁、二十几岁的人写一本书。但老实说，我确实不清楚现在的十几岁、二十几岁的人在想些什么。

　　这本书要接近尾声了，我才发现其实也没这个必要。

　　因为，要把这些期许告诉二十多岁的年轻人的不是我，而是现在三十多岁的你的责任。无论是哪个时期，培养下一代的责任都在上一代的人身上。

　　因此，我希望自己在五十岁之前都能做一个为三十多岁的人加油鼓劲儿的支持者。

　　有世界钢铁大王之称的安德鲁·卡内基（Andrew Carnegie）的墓碑上写着"此处长眠之人，幸甚曾得智者常伴左右"。

　　世界级的大富豪说过："我希望自己遇见好人，希望与优秀的伙伴同行。这些愿望得以实现，我也成就了我自己。"

　　这番话也说明：好的相遇、好的同行人，能左右一个人的人生。

　　当你的人生即将谢幕时，我希望你的身边围着你珍视之人，你能感叹着这一生没有白过，能来世间走一回真好。

　　你是否能过上这种人生，关键取决于你在三十多岁的这十年是怎么度过的。

　　最后，我还有一个问题：你要如何度过三十岁后的这十年呢？

后　记

三十多岁，真实且精彩地活，你也可以

人生怎么过？这是个极具哲学意味的问题，没有标准答案，很难简单定义怎样才算是把生活过好。

真正契合你的答案，就藏在你的内心深处。这本书只是为你提供一个思考的方向，一种不同的视角，权当参考。要找到真正属于自己的答案，还得在生活实践中去寻找。

还有一件事，我想告诉书前的你。**本书中谈的各种问题、各种方法，没有必要一口气全部"吃"下去。**

可以从书中的内容中做选择。比如说，看到某一点，突然觉得有道理，那就从这个地方开始，挑一些特定的题目，定好时间，有意识地在日常生活中多加练习。在逐渐练习的过程中，生活自会在不经意间呈现新的面貌。

希望你能好好体味一下这种变化，同时，也可以把这本书当作睡前读物，用来参考。我满心期待你的人生开启新篇章，一旦有这样的新变化出现，我定会欣喜若狂，再没有什么能比这更令我开心的了。

要珍惜三十岁的时光。

对于我来说，写这本书也让我重新审视自己应该做一个什么样的写书人。因此，这本书也是一个让我思考今后写作之路，叩问自身"一个真正的写书人该怎么走下去"的一个重大转折点。

回首过往，我写了很多本书，做了很多次登台讲演，每次与读者、与观众对话，都感慨万千，思绪纷繁。

说真心话，我无法否认在写作和讲演的过程中掺杂着一些讨好和卖弄的心机。虽然我有意识地让自己尽可能地实话实说，但还是无法底气十足地说"所有的书都是100%的真心话"。有些书里不乏埋着一些取悦讨好的小心思，比如会有"这么说会被人讨厌，得换个说法""写到这种地步，恐怕没人会买我的书吧"等这样的想法。

作为经营"文字"的人，说真的，卖不出去的"文字"就是大烦恼。但是，如果满书都是讨好的、恭维读者的漂亮话，就算变成畅销书，我心里也会感到不安，感觉别扭。

我自己还在学习"如何写作"。

当我学到很多知识，了解越来越多的活法，我才真正知道，坦诚地活下去直接关系到未来的自己能取得什么成果。所以，我们要清楚自己内心的声音，要把这个声音清晰地表达出来。这样我们才会遇到理解自己，与自己有共鸣的伙伴。

后记

坦诚,才是让人生更充实、更丰美的武器。

在我写这本书前,我读到过一本畅销书,里面有这么一句话:"自由,就是被讨厌。"

这句话让我做了一个决定。那就是不管别人怎么想,我要写出自己内心最重要的东西,要把真心告诉读者。我想现在你面前的这本书已经快接近这个目标了。

但话说回来,能达成目标不是由我一人决定的,也不是单靠我一人就能靠近这个目标的。把书做出来,出版社编辑们的共同协作是不能少的。

"到底想做一本卖得好的书呢?还是想做一本讲真心话的书呢?"

做书前总会遇到这个问题。托大家的福,我写了好几部销量超过10万册的书。如今回首看看,这些书都是我和我的编辑们立志要做出不仅是卖得好的书,而且是写想写的话的书。这些书都是我和编辑们共同协作的讲真心话的书。

这次终于组队策划出了这本书。借此机会,我要向参与这次出版策划的各位同仁朋友们表示感谢。

感谢把我培养成写作人的羁绊出版社的樱井秀勋社长和冈村季子专务,也希望今后继续能得到你们的谆谆教诲,请多多关照。

感谢小寺裕树主编,你鼓励我"要下定决心写出真心话"，让我不要怕，责任由你来担，你在工作现场与我共同探讨企划方案，与我一起战斗在前线。和你共同做的策划总是让人激情澎湃，热血漫漫。今后我们还会在一起战斗，一起做策划，也请您今后多多关照。

感谢首次参加编辑写作，首次参与出版支援项目策划的加藤道子女士、安田娜娜女士。托两位的福，书得以顺利出版。感谢你们！

还要感谢坚守九州工作一线的人财育成（日本）股份有限公司的全体员工，以及在东京新成立的公司的全体员工，感谢永松茂久项目的全体成员，感谢永松培训学校的伙伴们。

大家努力工作，让我可以心无旁骛地投入在写作中。本书能够顺利出版，离不开大家的鼓励和支持。今后能与大家开始愉快的航海之旅，我也非常开心，期待今后大家的好故事。让我们朝着超越想象的美好未来，共同奋进。

最后，我想向因本书而遇见的读者朋友们表示真诚的谢意。

我祈愿你的三十岁是灿烂美好的三十岁。

写于我新的办公点"麻布常盘庄"，身边还有我的"四小只"。

向您致以谢意

永松茂久